变电站网络安全关键技术

主　编　钱　肖　江洪进

副主编　郝力飚　李策策　吴雪峰

U0294340

中国水利水电出版社
www.waterpub.com.cn

·北京·

内 容 提 要

本书主要内容由变电站网络概述、通用网络设备安防加固、变电站网络安全设备三大部分组成，共分为 6 章。其中，通用网络设备包括交换机、路由器、主机，其安防加固策略应用范围较广，不限于电力行业；网络安全设备包括电力专用纵向加密认证装置、电力专用横向单向隔离装置、防火墙、网络安全监测装置，详细介绍各类装置的工作原理，并搭建模拟场景提供策略配置。

本书可供电网企业输变电工程各级管理人员、技术人员阅读。

图书在版编目（CIP）数据

变电站网络安全关键技术 / 钱肖，江洪进主编. --
北京：中国水利水电出版社，2021.11
ISBN 978-7-5226-0063-5

Ⅰ. ①变… Ⅱ. ①钱… ②江… Ⅲ. ①变电所—网络
安全 Ⅳ. ①TM63

中国版本图书馆CIP数据核字(2021)第210223号

书　　名	**变电站网络安全关键技术** BIANDIANZHAN WANGLUO ANQUAN GUANJIAN JISHU
作　　者	主编　钱肖　江洪进 副主编　郝力飚　李策策　吴雪峰
出版发行	中国水利水电出版社 （北京市海淀区玉渊潭南路 1 号 D 座　100038） 网址：www.waterpub.com.cn E - mail：sales@mwr.gov.cn 电话：(010) 68545888（营销中心）
经　　售	北京科水图书销售有限公司 电话：(010) 68545874、63202643 全国各地新华书店和相关出版物销售网点
排　　版	中国水利水电出版社微机排版中心
印　　刷	清淞永业（天津）印刷有限公司
规　　格	184mm×260mm　16 开本　12.75 印张　257 千字
版　　次	2021 年 11 月第 1 版　2021 年 11 月第 1 次印刷
定　　价	**78.00 元**

本书编委会

主　编　钱　肖　江洪进

副主编　郝力飚　李策策　吴雪峰

参　编　叶　玮　钱建国　肖艳炜　王　强　金慧波　左　晨
　　　　张　伟　洪小军　陈　炜　王　彬　刘乃杰　杜浩良
　　　　周立伟　瞿迪庆　汪剑峰　王　斌　沃建栋　王　威
　　　　陈新斌　潘仲达　陈　昊　朱兴隆　管伟翔　吴家俊
　　　　张佳丽　江　帆　陈逸凡　刘　栋　李跃辉　严明安
　　　　徐　健　张嘉豪　刘　毅　施　川　邱子平　李春春
　　　　梅　杰　刘建敏　吴　珣

前言
FOREWORD

以电力行业为代表的关键基础设施与现代社会生产生活紧密相连，不仅关系到民众日常生活，同时还关系到各行各业的能源保障，甚至对国家安全都影响深远。近年来，针对电力行业的网络攻击事件频发，国外多起变电站、发电厂网络安全事件吸引着全球目光。前车之鉴，后事之师，在此背景下，国家、行业、企业等相继出台各类规章制度，不断推陈出新，旨在建立一套较为完整的电力监控系统安全防护体系。

为加快树立网络安全意识，熟练掌握变电站网络安全关键技术，规范变电站生产工作涉网行为，提升变电站网络安全管理水平，特编写《变电站网络安全关键技术》一书。

本书主要内容由变电站网络概述、通用网络设备安防加固、变电站网络安全设备三大部分组成，共分为 6 章。其中，通用网络设备包括交换机、路由器、主机，其安防加固策略应用范围较广，不限于电力行业；网络安全设备包括电力专用纵向加密认证装置、电力专用横向单向隔离装置、防火墙、网络安全监测装置，详细介绍各类装置的工作原理，并搭建模拟场景提供策略配置。

由于网络安全行业发展日新月异，与变电站网络安全相关的新政策和新技术也在不断更新、发展，限于编撰时机、作业水平等因素，书中难免有疏漏不妥之处，恳请各位专家、读者提出宝贵意见。

作者

2021 年 10 月

目 录
CONTENTS

第1章 变电站网络概述

1.1 变电站网络结构

变电站自动化系统是以计算机技术为核心，将变电站的保护、仪表、中央信号、远动装置等二次设备管理的系统和功能重新分解、组合、互联、计算机化而形成，通过各设备间相互信息交换、数据共享，完成对变电站运行监视和控制的系统，是自动化技术、通信技术和计算机技术等技术在变电站领域的综合应用，其主要功能是完成遥测、遥信、遥控、遥调任务。

1. 遥测

遥测就是将变电站内的交流电流、电压、功率、频率，直流电压，主变温度、挡位等信号进行采集，上送到监控后台，便于运行人员进行工况监视。整站的遥测量采集方式主要有：

（1）扫描方式：将站内所有遥测量每个扫描周期采集更新一次，并存入数据库。扫描周期为 3～8s。

（2）越阈值方式：每个遥测量设定一个阈值，按扫描周期采集。如果一个遥测量与上次测量值的差大于阈值，则将该遥测量上传监控后台显示，并存入数据库；如果差小于阈值则不上传更新。这样扫描周期可缩短，一般不大于 3s。

特别地，对于一些重要的遥测数据，可以通过设置遥测越限进行重点监视。运行中监控系统后台遥测数据超过越限设定值后，经过整定延时，计算机报越限告警。通常变电站的母线电压、直流电压、主变温度、主变功率、重要线路的功率等都应该设置遥测越限监视。

2. 遥信

遥信，即状态量，是为了将断路器、隔离开关、中央信号等位置信号及各类二次装置的动作、告警、故障等信号上送到监控后台。遥信信息按照不同的分类依据可以进行以下分类：

（1）实遥信、虚遥信：大部分遥信采用光电隔离方式输入系统，通过这种方式采集的遥信称为实遥信。保护闭锁告警、保护装置异常、直流屏信号等重要设备的故障异常信号，必须通过实遥信方式输出。少部分通过通信方式获取的遥信称为虚遥信。比如一些合成信号、计算遥信。

（2）全遥信、变位遥信：如果没有遥信状态没有发生变化，测控装置每隔一定周期，定时向监控后台发送本站所有遥信状态信息，这就是全遥信的含义。当某遥信状态发生改变，测控装置立即向监控后台插入发送变位遥信的信息。后台收到变位遥信报文后，与遥信历史库比较后发现不一致，于是提示该遥信状态发生改变，这就是变位遥信的含义。

（3）单位置遥信、双位置遥信：单位置遥信指的是从开关辅助装置上取一对常开接点，值为 1 或 0 的遥信，隔离开关状态见表 1-1。

表 1-1　　　　　　　　　隔 离 开 关 状 态

遥信状态	刀闸状态	状 态 图 示
1	合位	
0	分位	

双位置遥信指的是从开关辅助装置上取两对常开/常闭接点，遥信值为 10、01、00、11。分为主遥信、副遥信，断路器状态见表 1-2。

表 1-2　　　　　　　　　断 路 器 状 态

主遥信状态	副遥信状态	断路器状态	状 态 图 示
1	1	—	
1	0	合位	
0	1	分位	
0	0	—	

3. 遥控

遥控信息是指从集控中心发出的对断路器、隔离开关、接地开关执行分合闸操作、信号复归及功能投退等控制信息。

遥控操作可以分为以下主要步骤：

（1）首先监控后台向测控装置发送遥控命令。遥控命令包括遥控操作性质（分/合）和遥控对象号。

（2）测控装置收到遥控命令后不急于执行，而是先驱动遥控性质继电器，并根据继电器动作判断遥控性质和对象是否正确。

（3）测控将判断结果回复给后台校核。

（4）监控后台在规定时间内，如果判断收到的遥控返校报文与原来发的遥控命令完全一致，就发送遥控执行命令。

（5）规定时间内，测控装置收到遥控执行命令后，驱动遥控执行继电器动作。

（6）如果二次回路与开关操作机构正确连接，则完成遥控操作。

4. 遥调

遥调是监控后台向测控装置发布变压器分接头调节命令。

一般认为遥调对可靠性的要求不如遥控高，所以遥调大多不进行返送校核。因此，变电站改造时需要确保监控后台上的主变挡位遥控对象号正确。遥调原理同遥控类似，不再赘述。

遥调信息是指从集控中心发出的调整电力系统无功与电压等控制信息。

1.1.1 常规变电站

220kV变电站典型网络结构示意图如图1-1所示，220kV变电站典型网络结构分为站控层与间隔层。

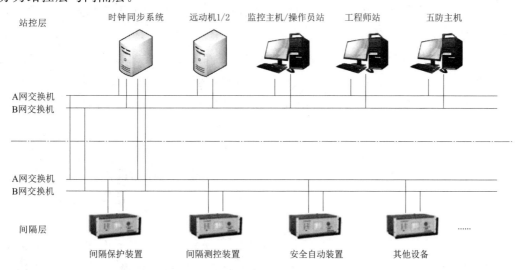

图1-1 220kV变电站典型网络结构示意图

1. 站控层

站控层主要实现面向全站或一个以上一次设备的测量和控制功能，完成数据采集和监视控制、操作闭锁以及同步相量采集、电能量采集、保护信息管理等相关功能，主要包括以下设备：

（1）监控主机：即主服务器，一般包括操作系统，数据库系统和应用软件，是数据收集、处理、存储及控制的中心；可兼作操作员站，同时提供友好的人机对话界面。

（2）操作员站：包括操作系统和应用软件，从主服务器数据库调用数据，提供友好的人机对话界面，以实现变电站的运行监视和控制。

（3）工程师站：主要适用于监控系统维护人员，具备对站内设备进行状态检查、参数整定、调试检验及数据库的修改等功能。

（4）五防主机：微机防误闭锁系统将现场大量的二次电气闭锁回路变为计算机中的防误闭锁规则库，对不符合程序的操作，设备拒绝解锁，从而防止误操作的发生。

（5）远动机：通过网络采集间隔层和通信规约转换接口的数据处理后，按照调度端的远动通信规约实现自动化数据交换。

（6）时钟同步系统：接收全球卫星定位系统 GPS、北斗的标准授时信号，对站内主机、测控装置及保护装置等有关设备的时钟进行校正，保证全站时钟的一致性。

2. 间隔层

间隔层主要实现汇总本间隔实时数据信息，通过网络传送给站控层设备，同时接收站控层发出的控制操作命令，实现操作命令的承上启下传输功能，还具备对一次设备的保护控制和操作闭锁等功能，依据一个间隔的数据并且作用于该间隔一次设备的功能，主要包括以下设备：

（1）间隔保护装置：当电力系统中的电力元件（如发电机、线路等）或电力系统本身发生了故障危及电力系统安全运行时，能够向运行值班人员及时发出警告信号，或者直接向所控制的断路器发出跳闸命令以终止这些事件发展的一种自动化措施和设备。

（2）间隔测控装置：完成变电站内遥测、遥信信息采集并上送，同时接收来自站控层或远方监控中心遥控命令并完成闭锁逻辑、同期逻辑判断的设备。

一般而言，110kV 及以上电压等级的设备按电气设备间隔配置保护装置及测控单元，35kV 及以下的设备采用保护测控一体的装置。

（3）安全自动装置：安全自动装置的作用是当系统事故后和不正常运行时，自动进行紧急处理，以防止大面积停电和保证对重要负荷连续供电及恢复系统的正常运行。如自动重合闸、备用电源自动投入、低频率减负荷及远方切机、切负荷装置等。

（4）其他设备：比如交直流屏、电度表等。

1.1.2　智能变电站

常规变电站的信息交互存在许多不足，例如信息交互时，硬接线的二次电缆存在电磁干扰，可靠性差；信息难以共享，运行和管理的效率较差；设备之间不具备互操作性，二次设备缺乏统一的功能接口规范，通信标准的采用和规约的理解实现存在差异等。

然而随着非常规互感器、智能断路器技术的飞速发展，加上网络通信技术和 IEC 61850 标准的发展及广泛应用，智能变电站实现了全站信息数字化、通信平台网络化、信息共享标准化，并可根据需要支持电网实时自动控制、智能调节、在线分析决策、协同互动等高级功能，信息的交互由基于硬接线的方式变为基于网络的方式。相比常规变电站，其网络结构增加了过程层，完成电力运行实时的电气量检测、运行设备的状态参数检测、操作控制执行与驱动，就是常说的模拟量/开关量采集、控制命令的执行。过程层通信应是实时的、高可靠性的、数据可共享的，主要包括以下设备：

（1）合并单元：用以对来自二次转换器的电流和/或电压数据进行时间相关组合的物理单元，对输入信号进行处理，并及时通过光纤向间隔层智能电子设备输出采样数据。合并单元可以是互感器的一个组成件，也可以是一个分立单元，其传输信息通常称为 SV 报文。

（2）智能终端：一种智能组件，与一次设备采用电缆连接，与保护、测控等二次设备采用光纤连接，实现对一次设备（例如断路器、隔离开关、主变压器等）的状态采集、控制等功能，其传输信息通常称为 GOOSE 报文。

（3）非常规传感器：即电子式互感器，又分为有源式和无源式，从根本上解决了磁路饱和、铁磁谐振等问题，二次侧可直接输出数字信号与其他智能电子设备接口。

1.1.3　变电站网络设备

不论是常规变电站，还是智能变电站，其过程层、间隔层、站控层组网以及通过远动装置将信息上送远方监控中心或接收来自远方监控中心的控制命令时，都不可避免地会使用到网络设备。

1.1.3.1　交换机

交换是按照通信两端传输信息的需要，用人工或设备自动完成的方法，把要传输的信息送到符合要求的相应路由上的技术统称。交换机是在集线器的基础上发展而来，用于电（光）信号转发的网络设备，如以太网交换机等。它可以为接入交换机的任意两个网络节点提供独享的电信号通路。

除了交换机的基本功能以外，在变电站中，通常还会应用 VLAN、SNMP、NTP/SNTP、SSH 等常见的交换机协议服务日常工作。

1. VLAN

在一个支持 VLAN（Virtual LANs，虚拟局域网）技术的交换机中，可以将它的以太网口划分为几个组，组内的各个用户就像在同一个局域网内。同时，不是本组的用户就无法访问本组的成员。通过这样的逻辑划分，将网络分为多个广播域，从而隔离广播报文，避免无效报文的干扰，降低交换机和装置的网络负荷，并有效地控制广播风暴地发生，提高安全性和可靠性。同时通过逻辑划分灵活配置网络地拓扑结构，可以减少设备投资，提高经济性。

IEEE 802.1q 中采用 untagged 与 tagged 两个术语来制定 VLAN 相关标准，然而在大多数实际的交换机设备配置中，却都采用 access 和 trunk 这两种端口类型来规划、使用 VLAN。各类端口对数据报文的处理选择 VLAN 常见端口类型与标签规则，如图 1-2 所示。

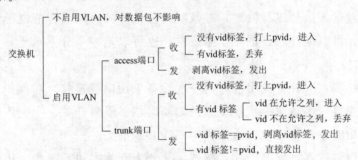

图 1-2　VLAN 常见端口类型与标签规则

一般而言，VLAN 有以下划分方法：

（1）根据交换机端口划分。

（2）根据 MAC 地址划分。

（3）根据网络层地址划分。

（4）根据 IP 组播划分。

由于变电站过程层网络上的 GOOSE 报文和 IEC 61850-9-2《变电站通信网络和系统　第 9-2 部分：特定通信服务映射—基于 ISO/IEC 8802-3 的模拟量采样值》采样值报文只在数据链路层传输，没有第三层（IP 层）的封装结构，所以 VLAN 划分方法中根据网络层地址或者 IP 组播划分方法不适用于变电站过程层网络，目前智能变电站通常采用基于端口划分 VLAN 的方法，是相对适合、可靠的方式。

2. SNMP

SNMP（Simple Network Management Protocol，简单网络管理协议）是一种简单网络管理协议，它属于 TCP/IP 五层协议中的应用层协议，用于网络管理的协议。SNMP 主要用于网络设备的管理。由于 SNMP 协议简单可靠，受到了众多厂商的欢迎，成为了目前最为广泛的网管协议。SNMP 目前共有 v1、v2、v3 三个版本。

（1）SNMP v1 是 SNMP 协议的最初版本，不过依然是众多厂家实现 SNMP 基本方式。

（2）SNMP v2 通常被指是基于 Community 的 SNMP v2。Community 实质上就是密码。

（3）SNMP v3 是最新版本的 SNMP。它对网络管理最大的贡献在于其安全性，增加了对认证和密文传输的支持。

SNMP 协议的简单性体现在其协议在两种对象之间定义了三种工作方式。两种对象是指 SNMP 管理站和 SNMP 代理。三种工作方式是指 Get、Set、Trap。

（1）Get：管理站读取代理者处对象的值。它是 SNMP 协议中使用率最高的一个命令，因为该命令是从网络设备中获得管理信息的基本方式。

（2）Set：管理站设置代理者处对象的值。它是一个特权命令，因为可以通过它来改动设备的配置或控制设备的运转状态。它可以设置设备的名称，关掉一个端口或清除一个地址解析表中的项等。

（3）Trap：代理者主动向管理站通报重要事件。它的功能就是在网络管理系统没有明确要求的前提下，由管理代理通知网络管理系统有一些特别的情况或问题发生了。如果发生意外情况，客户会向服务器的 162 端口发送一个消息，告知服务器指定的变量值发生了变化。通常由服务器请求而获得的数据由服务器的 161 端口接收。Trap 消息可以用来通知管理站线路的故障、连接的终端和恢复、认证失败等消息。管理站可相应地做出处理。

3. NTP/SNTP

NTP（Network Time Protocol）网络时间协议基于 UDP，用于网络时间同步的协议，使网络中的计算机时钟同步到 UTC（Universal Time，协调世界时），再配合各个时区的偏移调整就能实现精准同步对时功能。提供 NTP 对时的服务器有很多，比如微软的 NTP 对时服务器，利用 NTP 服务器提供的对时功能，可以使设备时钟系统能够正确运行。本书将通过以下的例子来理解 NTP 的工作原理，NTP 对时过程示意图如图 1-3 所示。

NTP/SNTP 协议需要设定以下条件：

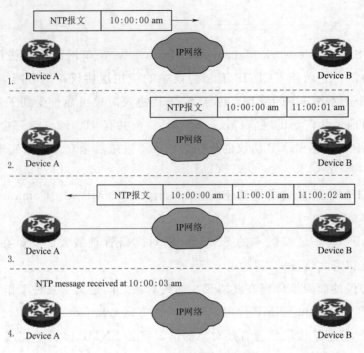

图 1-3 NTP 对时过程示意图

（1）在 Device A 和 Device B 的系统时钟同步之前，Device A 的时钟设定为 10：00：00 am，Device B 的时钟设定为 11：00：00 am。

（2）Device B 作为 NTP 时间服务器，即 Device A 将使自己的时钟与 Device B 的时钟同步。

（3）NTP 报文在 Device A 和 Device B 之间单向传输所需要的时间为 1s。

系统时钟同步有以下工作过程：

（1）Device A 发送一个 NTP 报文给 Device B，该报文带有它离开 Device A 时的时间戳，该时间戳为 10：00：00 am（T1）。

（2）当此 NTP 报文到达 Device B 时，Device B 加上自己的时间戳，该时间戳为 11：00：01 am（T2）。

（3）当此 NTP 报文离开 Device B 时，Device B 再加上自己的时间戳，该时间戳为 11：00：02 am（T3）。

（4）当 Device A 接收到该响应报文时，Device A 的本地时间为 10：00：03 am（T4）。

至此，Device A 已经拥有足够的信息来计算两个重要的参数，即

NTP 报文的往返时延＝（T4－T1）－（T3－T2）＝2s。

Device A 相对 Device B 的时间差＝[（T2－T1）＋（T3－T4）]/2＝1h。

这样，Device A 就能够根据这些信息来设定自己的时钟，使之与 Device B 的时钟同步。

4. SSH

SSH（Secure Shell）是建立在应用层和传输层基础上的安全协议。SSH 由服务端和客户端的软件组成，服务端是一个守护进程，它在后台运行并响应来自客户端的连接请求，其工作机制大体是：本地客户端发送一个连接请求到远程的服务端；服务端检查申请的包和 IP 地址再发送密钥给 SSH 客户端；本地再将密钥发回给服务端；连接建立。启动 SSH 服务器后，sshd 进程运行并在默认的 22 端口进行监听。

1.1.3.2 路由器

路由器是互联网络中必不可少的网络设备之一，路由器是一种连接多个网络或网段的网络设备，并将不同网络或网段之间的数据信息进行"翻译"，以使它们能够相互"读"懂对方的数据，从而构成一个更大的网络。解释路由器的概念：一是所谓"路由"，是指把数据从一个地方传送到另一个地方的行为和动作；二是路由器，正是执行这种行为动作的机器，它的英文名称为 Router。

1. 路由器的基本功能

（1）网络互联：路由器支持各种局域网和广域网接口，主要用于互联局域网和广域网，实现不同网络互相通信。

（2）数据处理：提供包括分组过滤、分组转发、优先级、复用、加密、压缩和防火墙等功能。

（3）网络管理：提供包括路由器配置管理、性能管理、容错管理和流量控制等功能。

2. 路由器协议

在电力监控系统中，路由器承担着搭建网络框架的重要职责，常使用的路由器协议包含以下内容：

（1）开放式最短路径优先（Open Shortest Path First，OSPF）：OSPF 路由协议是一种典型的链路状态的路由协议，一般用于同一个路由域内。路由域是指自治系统（Autonomous System，AS），指一组通过统一的路由政策或路由协议互相交换路由信息的网络。在一个 AS 中，所有的 OSPF 路由器都维护一个相同的描述这个 AS 结构的数据库，该数据库中存放的是路由域中相应链路的状态信息，OSPF 路由器正是通过这个数据库计算出其 OSPF 路由表的。

（2）边界网关协议（Border Gateway Protocol，BGP）：BGP 是运行于 TCP 上的一种自治系统的路由协议，采用 TCP 作为其传输层协议（端口号 179）是唯一一个用来处理像因特网大小的网络的协议，也是唯一能够妥善处理好不相关路由域间的多路连接的协议。BGP 系统的主要功能是和其他的 BGP 系统交换网络可达信息，包括列出的自治系统的信息。这些信息有效地构造了 AS 互联的拓扑图并由此清除了路由环路，提高协议的可靠性。同时，提供丰富的路由策略，在 AS 级别上可实施策略决策，帮助管理人员控制路由的传播和选择最佳路径。

（3）多协议标签交换（Multiprotocol Label Switching，MPLS）：MPLS 是一种 IP 骨干网技术，用于在开放的通信网上利用标签引导数据高速、高效传输。MPLS 在无连接的 IP 网络上引入面向连接的标签交换概念：当分组进入网络时，为其分配固定长度的短标记，并将标记与分组封装在一起，依据标签交换路径进行数据传输，交换节点仅根据标记进行转发。

MPLS 独立于第三层路由技术与第二层交换技术，同时又结合两者，充分发挥了 IP 路由的灵活性和第二层交换的简捷性，也被归为"2.5 层协议"。

1.1.3.3　主机

变电站内的计算机监控系统站控层软件工作平台推荐采用 Unix 或 Windows 操作系统。Unix 操作系统的特点主要是系统成熟，稳定性好，不易受病毒感染，但软件编制繁杂，维护、修改较复杂；Windows 操作系统特点是操作界面好，易于为用户接收，但其自身存在着较多的 BUG，易受病毒攻击，其引用软件必须经过严格的稳定性、容错性检验，同时应具有较强的反病毒攻击措施。

1. Windows 系统

微软（Microsoft）公司从 1983 年开始研发 Windows 系统，最初的研发目标是提供一个多任务的图形用户界面。其特点如下：
（1）Windows 操作系统的人机操作性优异。
（2）Windows 操作系统支持的应用软件较多。
（3）Windows 操作系统对硬件支持良好。

2. Unix/Linux 系统

Unix 是 20 世纪 70 年代初出现的一个操作系统，除了作为网络操作系统之外，还可以作为单机操作系统使用。Unix 作为一种开发平台和台式操作系统获得了广泛使用，目前主要用于工程应用和科学计算等领域。

经过 40 多年的不断发展，Unix 的一些基本技术已变得十分成熟，有的已成为各类操作系统的常用技术。无数的实践表明，Unix 是能达到大型主机可靠性要求的少数操作系统之一，能较好满足变电站内主机和服务器等每天 24h 不间断运行的技术要求。

正因为受到 Unix 的影响，日后才诞生了 Linux。Linux 继承了 Unix 的许多优良传统，例如强大的网络功能、完善的命令以及良好的健壮性与稳定性。无论是从外观上，还是从功能上，Unix 与 Linux 都是非常相似的。例如，Unix 的大部分常用命令都可以在 Linux 中找到相应的命令。它能够在普通 PC 计算机上实现全部的 Unix 特性，具有多任务、多用户的能力。更为重要的是，Linux 是一个开放源代码的产品，任何个人或者公司都可以修改 Linux 内核的源代码，实现或者增强自己想要的功能。

1.2　变电站网络安全体系

1.2.1　电力监控安全防护体系

电力监控系统安全防护的总体原则为"安全分区、网络专用、横向隔离、纵向认证"。安全防护主要针对电力监控系统，即用于监视和控制电力生产及供应过程的、基于计算机及网络技术的业务系统及智能设备，以及作为基础支撑的通信及数据网络等。重点强化边界安全，加强安全管理制度、机构、人员、系统建设、系统运维的管理，提高系统整体安全防护能力，保证电力监控系统及重要数据的安全。

根据《电力监控系统安全防护规定》（国家发展改革委第 14 号令）的要求，电力监控系统安全防护总体方案的框架结构如图 1-4 所示。

1. 安全分区

安全分区是电力监控系统安全防护体系的结构基础。发电企业、电网企业内部基于计算机和网络技术的业务系统，原则上划分为生产控制大区和管理信息大区。生产控制大区可以分为控制区（又称安全区Ⅰ）和非控制区（又称安全区Ⅱ）。

2. 网络专用

电力调度数据网是为生产控制大区服务的专用数据网络，承载电力实时控制、在线生产交易等业务，应当在专用通道上使用独立的网络设备组网，在物理层面上实现与电力企业其他数据网及外部公共信息网的安全隔离。

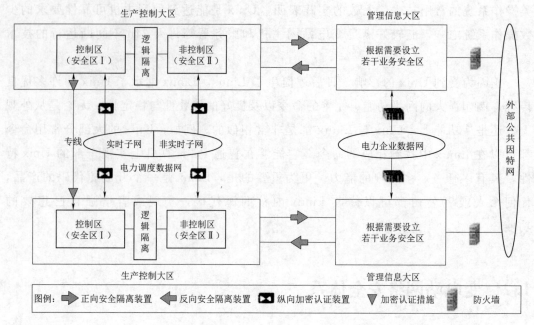

图 1-4　电力监控系统安全防护总体方案框架结构示意图

3. 横向隔离

横向隔离是电力二次安全防护体系的横向防线，采用不同强度的安全设备隔离各安全区。在生产控制大区与管理信息大区之间必须设置经国家指定部门检测认证的电力专用横向单向安全隔离装置，隔离强度应当接近或达到物理隔离；生产控制大区内部的安全区之间应当采用具有访问控制功能的网络设备、防火墙或者相当功能的设施，实现逻辑隔离。

4. 纵向认证

纵向加密认证是电力监控系统安全防护体系的纵向防线，采用认证、加密、访问控制等技术措施实现数据的远方安全传输以及纵向边界的安全防护。

总体安全防护的目的是保障电力监控系统的安全，防范黑客及恶意代码等各种形式的恶意破坏和攻击，特别是抵御集团式攻击，防止电力监控系统的崩溃或瘫痪，以及由此造成的电力设备事故或电力安全事故。

1.2.2　变电站网络安全设备

根据以上的要求，变电站网络安全设备包括电力专用纵向加密认证装置、电力专用横向单向隔离装置、防火墙、网络安全监测装置等。

1. 电力专用纵向加密认证装置

纵向加密认证装置及加密认证网是生产控制大区的广域网边界防护。纵向加密认证装置采用基于 CA 证书链的机制和基于 PKI 的密钥分发机制，为广域网通信提供认证与加密功能，实现数据传输的机密性、完整性保护，同时具有安全过滤功能。

加密认证网关除具有加密认证装置的全部功能外，还应实现对电力系统数据通信应用层协议及报文的处理功能。

2. 电力专用横向单向隔离装置

按照数据通信方向电力专用横向单向安全隔离装置分为正向型和反向型。正向安全隔离装置用于生产控制大区到管理信息大区的非网络方式的单向数据传输。反向安全隔离装置用于从管理信息大区到生产控制大区的非网络方式的单向数据传输，是管理信息大区到生产控制大区的唯一数据传输途径。反向安全隔离装置集中接收管理信息大区发向生产控制大区的数据，进行签名验证、内容过滤、有效性检查等处理后，转发给生产控制大区内部的接收程序。专用横向单向隔离装置应该满足以下方面的要求：

（1）要具有高度的自身安全性。
（2）要确保网络之间是隔离的。
（3）要保证网间交换的只是应用数据。
（4）要对网间的访问进行严格的控制和检查。
（5）要在坚持隔离的前提下保证网络畅通和应用透明。

3. 防火墙

防火墙主要是借助硬件和软件的作用于不同网络的环境间产生一种保护的屏障，从而实现对计算机不安全网络因素的阻断。当用户通过防火墙对内部网络进行访问时，防火墙会依据管理员设定的访问策略来进行自我判断，以此决定是否允许外部用户访问内部数据。只有在防火墙策略放行的情况下，用户数据才能够访问内部网络，如果不同意就会被阻挡于外，并形成相应的行为审计，作为管理员运维的依据。

4. 网络安全监测装置

网络安全监测装置通过设备自身网络安全事件的感知，能够直接、高效地发现安全事件，是较为适合电力监控系统安全监管需求的技术路线。部署的网络安全监测装置实现对本区域相关设备网络安全数据的采集、处理，同时把处理的结果通过通信手段送到调度机构部署的网络安全监管平台，构建基于管理平台分级部署、协同管控的应用体系，实现网络安全监视、告警、分析、审计、核查等应用功能在调控机构的分布式部署和协同应用。

第 2 章 通用网络设备安防加固

2.1 交换机安防加固关键技术

以 H3C 的 MSR36 - 20 交换机为例，详细讲解交换机的安放加固配置，主要偏向于设备本身的管理。

用户希望查看交换机设备的型号、版本信息时，可以在用户视图下使用查看命令：

display version

2.1.1 用户管理

为防止用户的意外操作或攻击者的恶意操作，应按照用户工作的职责范围分别创建账号，禁止不同用户间共享账号，禁止人员和设备通信公用账号。在创建账号时要注意按照账号角色合理分配允许的登录方式、管理权限并设置账号口令。

想要创建一个名称为"netadmin"的用户，并设置 netadmin 用户的密码显示方式为加密显示，允许 netadmin 在本地登录或者通过 SSH 协议远程登录，同时给予"network - admin"的权限等级，可以使用命令：

local - user netadmin
password cipher XXXXXX
service - type ssh terminal
authorization - attribute user - role network - admin

2.1.2 Console 登录管理

Console 登录时默认没有密码，为了安全管理需要，应根据要求增设登录密码。

1. 设置登录用户的认证方式

可以根据需要选择通过单纯的密码验证，还是通过设备存在的用户名进行密码验证，可以使用的命令：

authentication - mode password|schema

2. 设置本地验证的密码

在选择单纯的密码验证时，需要为 Console 设置单独的登录密码，可以使用的命令：

set authenticaton password simple|cipher XXXX

2.1.3 访问控制列表

为了过滤通过网络设备的数据包，需要配置一系列的匹配规则，以识别需要过滤的对象。在识别出特定的对象之后，网络设备才能根据预先设定的策略允许或禁止相应的数据包通过。访问控制列表（Access Control List，ACL）就是用来实现这些功能。ACL 通过一系列的匹配条件对数据包进行分类，这些条件可以是数据包的源地址、目的地址、端口号等。ACL 应用在交换机全局或端口，交换机根据 ACL 中指定的条件来检测数据包，从而决定转发还是丢弃该数据包。访问控制列表又可分为基本访问控制列表、高级访问控制列表、二层访问控制列表、用户自定义访问控制列表、二层接口下直接调用、VLAN 下调用、用户登录限制等类型。

1. 基本访问控制列表

根据三层源 IP 制定规则，对数据包进行相应的分析处理。ACL 编号范围为 2000～2999。例如，如果想要拒绝源地址为 192.168.0.1 的主机访问本地，可以使用的命令：

rule 10 deny source 192.168.0.1 0

2. 高级访问控制列表

根据源 IP、目的 IP、使用的 TCP 或 UDP 端口号、报文优先级等数据包的属性信息制定分类规则，对数据包进行相应的处理。高级访问控制列表支持对 TOS（Type Of Service）优先级、IP 优先级和 DSCP 优先级三种报文优先级的分析处理。ACL 编号范围在 3000～3999 之间。例如，如果想要拒绝远程主机访问本地的 tcp135 端口，可以使用的命令：

rule 10 deny tcp destination - port eq 135

3. 二层访问控制列表

根据源 MAC 地址、源 VLAN ID、二层协议类型、报文二层接收端口、报文二层转发端口、目的 MAC 地址等二层信息制定规则，对数据进行相应处理。ACL 编号范围在 4000～4999 之间。

4. 用户自定义访问控制列表

根据用户的定义对二层数据帧的前 80 个字节中的任意字节进行匹配，对数据报文做出相应的处理。正确使用用户自定义访问控制列表需要用户对二层数据帧的构成有深入的了解。ACL 编号范围在 5000～5999 之间。

另外，在 ACL 中还支持一些常用的参数，用以丰富过滤策略，例如：

（1）source – port：源端口。

（2）destination – port：目的端口。

（3）logging：匹配到这条规则就记入日志。

（4）time – range：适用时间，需在全局下定义。

ACL 规则可以选择在不同的接口下调用，并定义适用的数据流向。

5. 二层接口下直接调用

如果想在某个特定接口下实现对入方向的流量进行 acl 3000 的限制，可以使用的命令：

```
interface GigabitEthernet1/0/1
packet – filter 3000 inbound
```

6. VLAN 下调用

如果想在某个 VLAN 接口下实现对出方向的流量进行 acl 3000 的限制，可以使用的命令：

```
interface VLAN – interface 10
packet – filter 3000 outbound
```

7. 用户登录限制

想通过 acl 3200 规则，对用户远程登录管理的源 IP 地址进行限制，可以使用的命令：

```
protocol inbound ssh
acl 3200 inbound
```

2.1.4　MAC 地址控制

以太网交换机可以利用 MAC 地址学习功能获取与某端口相连的网段上各网络设备的 MAC 地址。对于发往这些 MAC 地址的报文，以太网交换机可以直接使用硬件转发。如果 MAC 地址表过于庞大，可能导致以太网交换机转发性能的下降。MAC 攻击利用工具产生欺骗的 MAC 地址，快速填满交换机的 MAC 表，MAC 表被填满后，交换机会以广播方式处理通过交换机的报文，流量以洪泛方式发送到所有接口，这时攻击者可以利用各种嗅探工具获取网络信息。TRUNK 接口上的流量也会发给所有接口和邻接交换机，会造成交换机负载过大，网络缓慢和丢包，甚至瘫痪。可以通过设置端口上最大可以通过的 MAC 地址数量、MAC 地址老化时间来抑制 MAC 攻击。

对交换机的端口进行安全配置可以控制用户的安全接入，主要分为两类：①限制交换机端口的最大连接数；②针对交换机端口进行 MAC 地址、IP 地址的绑定，可以有效防止 ARP 欺骗、IP/MAC 地址欺骗、IP 地址攻击等恶意行为。

1. 设置最多可学习到的 MAC 地址数

通过设置以太网端口最多学习到的 MAC 地址数，用户可以控制以太网交换机维护的 MAC 地址表的表项数量。如果用户设置的值为 count，则该端口学习到的 MAC 地址条全局使能端口安全数达到 count 时，该端口将不再对 MAC 地址进行学习。缺省情况下，交换机对于端口最多可以学习到的 MAC 地址数目没有限制，如果需要进行修改，可以使用的命令：

mac - address max - mac - count X

2. 设置老化时间

设置有效的老化时间可以有效实现 MAC 地址老化的功能。用户设置的老化时间过长或者过短，都可能导致以太网交换机广播大量找不到目的 MAC 地址的数据报文，影响交换机的运行性能。如果用户设置的老化时间过长，以太网交换机可能会保存许多过时的 MAC 地址表项，从而耗尽 MAC 地址表资源，导致交换机无法根据网络的变化更新 MAC 地址表。如果用户设置的老化时间太短，以太网交换机可能会删除有效的 MAC 地址表项。一般情况下，推荐使用老化时间 age 的缺省值 300s，可以使用的命令：

mac - address timer {aging age|no - aging}

3. 设置触发特性

用户可以设置 Intrusion Protection 特性被触发后，设备采取的相应动作，以此阻止特性被触发后持续的非预期访问行为，防范网络攻击。Intrusion Protection 特性是指端口通过监测接收到的数据帧的源 MAC 地址或 802.1x 认证的用户名密码，发现非法报文或非法事件，并采取相应的动作，包括暂时断开端口连接、永久断开端口连接或是过滤此 MAC 地址的报文，保证了端口的安全性。

以下情况会触发 Intrusion Protection 特性：

（1）当端口禁止 MAC 地址学习时，收到的源地址为未知 MAC 地址的报文。

（2）当端口允许接入的 MAC 地址数达到设置的最大值时，收到的源地址为未知 MAC 地址的报文。

（3）用户使用 802.1x 认证和 MAC 地址认证失败。

设置触发特性可以使用的命令：

port - security intrusion - mode XXX

如果设置了 disableport - temporarily 特性，可以使用命令来指定暂时断开端口连接的时间：

port - security timer disableport XX　　　♯设置关闭时间，单位：秒。

2.1.5　网络服务

网络发展日新月异，很多网络服务由于时代背景的限制或者设计上的缺陷被恶意者利用，进行网络攻击，如明文传输特性、特定端口漏洞等。禁用不必要的公共网络服务，可以很好地预防此类攻击，采取白名单方式管理，只允许开放 SNMP、SSH、NTP 等特定服务开启。

想要关闭 http、ftp 及 telnet、dhcp 等服务，可以使用以下命令：

```
undo ip http enable           ♯禁用 http 服务
undo ftp server               ♯禁用 ftp 服务
undo telnet server enable     ♯禁用 telnet 服务
undo dns server               ♯禁用 dns 查询服务
undo dns proxy enable         ♯禁用 dns 代理服务
undo dhcp enable              ♯禁用 dhcp 服务
```

2.2　路由器安防加固关键技术

根据第 1 章的相关内容介绍，路由器的作用主要体现为网络联通、数据路由，因此路由器的安防关键技术主要集中在路由协议的认证以及路由的过滤选择上。

2.2.1 OSPF 认证

通过配置 OSPF MD5 认证，防止攻击者通过骨干区域路由器恶意学习全网络路由。OSPF 支持两种认证配置方式，分别为区域认证和链路认证。

（1）区域认证：同意区域内的认证模式和口令必须一致。

（2）链路认证：链路认证相对于区域认证更加灵活，可针对某个单独的链路进行设置单独的认证模式和密码。

OSPF 认证实验拓扑图如图 2-1 所示。

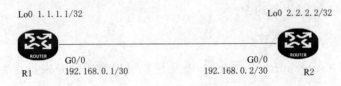

Lo0 1.1.1.1/32   Lo0 2.2.2.2/32

R1   G0/0   G0/0   R2
      192.168.0.1/30   192.168.0.2/30

图 2-1　OSPF 认证实验拓扑图

（1）配置 R1、R2 路由器的 OSPF 协议，建立邻居关系。在 R1 中配置 OSPF 协议可以使用以下命令：

```
[H3C]interface loopback0
[H3C - LoopBack0]ip address 1.1.1.1 32
[H3C - LoopBack0]quit
[H3C]router id 1.1.1.1
[H3C]interface GigabitEthernet0/0
[H3C - GigabitEthernet0/0]ip address 192.168.0.1 30
[H3C - GigabitEthernet0/0]quit
[H3C]ospf 1
[H3C - ospf - 1]area 0.0.0.0
[H3C - ospf - 1 - area - 0.0.0.0]network 192.168.0.0 0.0.0.3
[H3C - ospf - 1 - area - 0.0.0.0]network 1.1.1.1 0.0.0.0
```

R2 的 OSPF 协议配置与 R1 类似。

（2）等待 OSPF 认证消息提示，查看 R2 的路由信息表，学到 R1 的 lookback0 地址 1.1.1.1。

1. 区域认证

想通过 936258 实现区域认证，可以在 OSPF 区域视图中使用的命令：

authentication - mode md5 X plain 936258

（1）在 R1 的区域中启用区域认证，OSPF 邻居状态由 FULL 变为 DOWN，

OSPF 部署认证示意图一如图 2-2 所示。

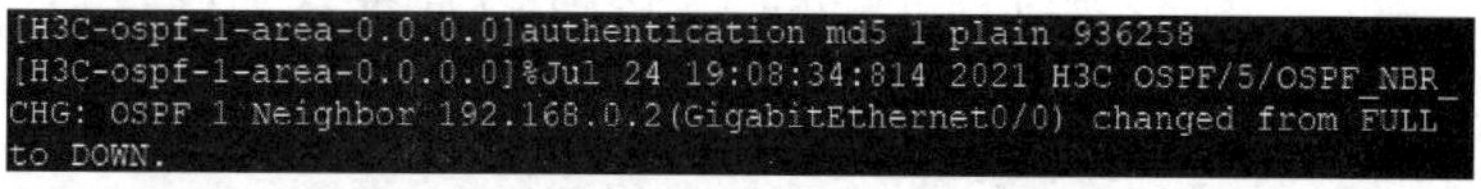

```
[H3C-ospf-1-area-0.0.0.0]authentication md5 1 plain 936258
[H3C-ospf-1-area-0.0.0.0]%Jul 24 19:08:34:814 2021 H3C OSPF/5/OSPF_NBR_
CHG: OSPF 1 Neighbor 192.168.0.2(GigabitEthernet0/0) changed from FULL
to DOWN.
```

图 2-2　OSPF 部署认证示意图一

（2）继续在 R2 的区域中启用同样的认证，OSPF 邻居状态重新变为 FULL，OSPF 部署认证示意图二如图2-3 所示。

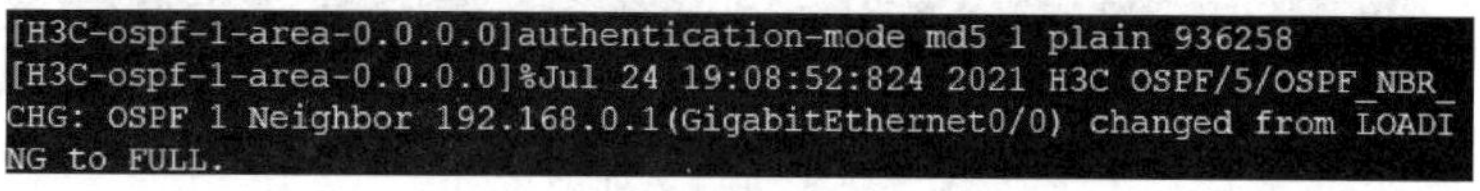

```
[H3C-ospf-1-area-0.0.0.0]authentication-mode md5 1 plain 936258
[H3C-ospf-1-area-0.0.0.0]%Jul 24 19:08:52:824 2021 H3C OSPF/5/OSPF_NBR_
CHG: OSPF 1 Neighbor 192.168.0.1(GigabitEthernet0/0) changed from LOADI
NG to FULL.
```

图 2-3　OSPF 部署认证示意图二

2. 链路认证

想通过 936258 实现链路认证，可以在接口视图中使用的命令：

ospf authentication-mode md5 1 plain 936258

实验结果与区域认证一致。

2.2.2　BGP 认证

BGP 协议支持在对等体建立 TCP 连接时，对 BGP 消息进行 MD5 认证，以增强通信安全性。与 OSPF 不同的是，BGP 协议仅支持在 BGP 进程中部署认证，无法在接口下部署认证。BGP 认证实验拓扑图如图 2-4 所示。

Lo0　1.1.1.1/32　　　　　　　　　　　　Lo0　2.2.2.2/32

　　　　G0/0　　　　　　　　　　G0/0
R1　　192.168.0.1/30　　　　192.168.0.2/30　　R2

图 2-4　BGP 认证实验拓扑图

（1）配置 R1、R2 路由器的 BGP 协议，建立邻居关系。在 R1 中配置 BGP 协议可以使用以下命令：

［H3C］bgp 26300
［H3C-bgp-default］peer 2.2.2.2 as-number 26300
［H3C-bgp-default］peer 2.2.2.2 connect-interface LoopBack0
［H3C-bgp-default］address-family ipv4
［H3C-bgp-default-ipv4］peer 2.2.2.2 enable
［H3C-bgp-default-ipv4］import-route static

（2）R2 的 OSPF 协议配置与 R1 类似，等待 BGP 认证消息提示。

设置 MD5 消息认证时，通过 936258 对 BGP 消息进行加密认证，可以使用的命令：

peer x. x. x. x password simple 936258

当 R2 部署 BGP 认证后，BGP 进程状态由 ESTABLISHED 转为 IDLE，BGP 部署认证示意图一如图 2-5 所示。

```
[H3C-bgp-default]peer 1.1.1.1 password simple 936258
[H3C-bgp-default]%Jul 24 19:21:44:905 2021 H3C BGP/5/BGP_STATE_CHANGED:
BGP default.: 1.1.1.1 state has changed from ESTABLISHED to IDLE for T
```

图 2-5　BGP 部署认证示意图一

此时，在 R1 上，我们部署同样的认证，BGP 进程重新变为 ESTABLISHED 状态，BGP 部署认证示意图二如图 2-6 所示。

```
[H3C-bgp-default]peer 2.2.2.2 password simple 936258
[H3C-bgp-default]%Jul 24 19:27:25:882 2021 H3C BGP/5/BGP_STATE_CHANGED:

BGP default.: 2.2.2.2 State is changed from OPENCONFIRM to ESTABLISHED
```

图 2-6　BGP 部署认证示意图二

2.2.3　路由策略

路由策略是为了改变网络流量所经过的途径而修改路由信息的技术，主要是通过改变路由属性（如 cost、tag 等，包括可达性）来实现。通过一些实验，展示与路由策略相关的命令，路由策略实验网络拓扑如图 2-7 所示。具体的实验如下：

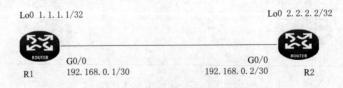

图 2-7　路由策略实验网络拓扑

（1）配置各接口的 IP 地址（图 2-7）。

（2）配置 OSPF 路由协议/配置静态路由。

（3）在路由器 R1 上设置路由策略并写入一条 10.10.1.0/24 的静态路由。

[R1]route - policy luyou permit node 123
[R1 - route - policy - luyou - 123] apply cost 123
[R1 - route - policy - luyou - 123] quit
[R1]ip route - static 10. 10. 1. 0 24 192. 168. 0. 2

在 R1 上配置 BGP 路由协议引入静态路由时，使用应用路由策略的命令：

import – route static route – policy luyou

（4）验证配置。查看路由器 R2 的路由表，看到目的地址为 10.10.1.0/24 路由的开销为 123，R2 路由表信息如图 2-8 所示。

```
[H3C]dis ip rou

Destinations : 15      Routes : 15

Destination/Mask   Proto    Pre Cost        NextHop        Interface
0.0.0.0/32         Direct   0   0           127.0.0.1      InLoop0
1.1.1.1/32         Direct   0   0           127.0.0.1      InLoop0
2.2.2.2/32         O_INTRA  10  1           192.168.0.1    GE0/0
10.10.1.0/24       BGP      255 123         2.2.2.2        GE0/0
127.0.0.0/8        Direct   0   0           127.0.0.1      InLoop0
127.0.0.0/32       Direct   0   0           127.0.0.1      InLoop0
127.0.0.1/32       Direct   0   0           127.0.0.1      InLoop0
```

图 2-8　R2 路由表信息

2.2.4　路由过滤

路由过滤是指路由协议在引入其他路由协议发现的路由时，通过策略（ACL、IP – prefix 等）过滤只引入满足条件的路由信息。通过一些实验，展示与路由过滤相关的命令，路由过滤实验拓扑如图 2-9 所示。具体的实验如下：

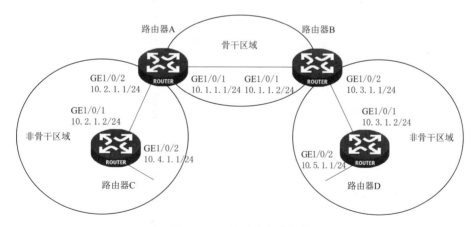

图 2-9　路由过滤实验拓扑

（1）配置各接口的 IP 地址，如图 2-9 所示。

（2）配置 OSPF 基本功能。

（3）配置引入自治系统外部路由。

[ROUTER – C] ip route – static 3.1.1.0 24 10.4.1.2

[ROUTER – C] ip route – static 3.1.2.0 24 10.4.1.2

```
[ROUTER-C] ip route-static 3.1.3.0 24 10.4.1.2    ♯ 在路由器 C 上配置静态路由
[ROUTER-C] ospf 1
[ROUTER-C-ospf-1] import-route static
[ROUTER-C-ospf-1] quit             ♯ 在路由器 C 上配置 OSPF 引入静态路由
```

此时，可以在路由器 A 上查看路由信息。

配置 IPv4 地址前缀列表，在路由器 C 配置对路由 3.1.3.0/24 进行过滤。

```
[ROUTER-C] ip ip-prefix prefix1 index 1 deny 3.1.3.0 24
[ROUTER-C] ip ip-prefix prefix1 index 2 permit 3.1.1.0 24
[ROUTER-C] ip ip-prefix prefix1 index 3 permit 3.1.2.0 24
```

（4）应用过滤策略，配置对引入的静态路由信息进行过滤，过滤掉路由 3.1.3.0/24。

```
[ROUTER-C] ospf 1
[ROUTER-C-ospf-1] filter-policy ip-prefix prefix1 export static
```

此时，在路由器 A 上查看路由信息，与之前的路由信息相比较，可得：到目的网段 3.1.3.0/24 的路由被过滤掉了。

2.3   Windows 系统安防加固关键技术

近年来国内外网络安全事件频发，其中不乏由于 Windows 操作系统安全漏洞而导致的网络安全事件，造成了巨大的经济损失和恶劣的社会影响。电力监控系统领域，国产安全操作系统已得到广泛应用，但部分并网电厂和变电站主机仍有 Windows 操作系统运行。本节按照国家电网公司对电力监控系统安全防护的相关管理要求，结合 Windows 操作系统实际，账户口令、网络服务、数据访问控制、日志与审计、恶意代码防范、其他加固操作等六个方面，阐述 Windows 主机加固的内容、步骤和注意事项。本节内容将以 Windows7 操作系统为例，进行相关的加固配置演示。

2.3.1   账户口令及权限控制

为了控制系统风险，仅授予账户完成其职能所需的最小权限。可以通过添加或删除相应的用户账号分配或收回相应的用户权限。

对于服务器或公用工作站来说，应按照仅授予管理用户最小权限的原则设置安全管理员、审计管理员和系统管理员，建立三权分立的安全策略。建议各管理员所具有的权限如下：

（1）安全管理员（secadmin）：备份或还原文件，隶属于 Backup Operators 和

Power Users 组。

（2）审计管理员（audadmin）：管理系统的各种日志信息，隶属于 Event Log Readers 和 Performance Log User 组。

（3）系统管理员（sysadmin）：更改文件所有权/重新启动或关闭系统/设置主机名/配置网卡参数/IP 防火墙的管理/配置所有的对外服务，隶属于 Network Configuration Operators 组。

对于其他应用账号或用户自建账号，应首先列出账号所使用的应用程序，然后根据应用程序实际系统资源、对象的使用情况配置账号权限。操作方法如下：

（1）新建用户：按下 WIN＋R，输入框输入 compmgmt. msc，进入"计算机管理→本地用户和组→用户→新建用户"，分别创建安全管理员（secadmin）、审计管理员（audadmin）和系统管理员（sysadmin）。新建用户及用户新建成功示意图如图 2－10、图 2－11 所示。

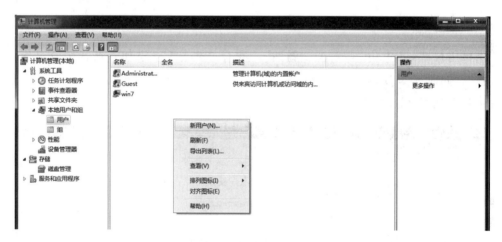

图 2－10　新建用户示意图

图 2－11　用户新建成功示意图

（2）权限配置：选择用户"audadmin"，右击"属性"，进入"隶属于→添加→选择组→高级→立即查找"，选择 Event Log Readers 和 Performance Log Users 组，点击确定。audadmin 权限配置示意图如图 2-12 所示。

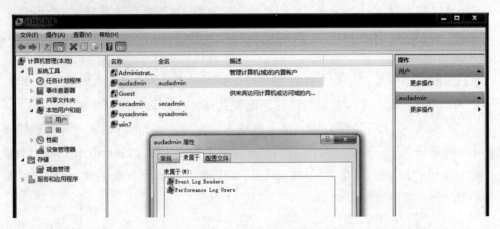

图 2-12　audadmin 权限配置示意图

选择用户"secadmin"，右击"属性"，进入"隶属于→添加→选择组→高级→立即查找"，同时选择 Backup Operators 和 Power Users 组，点击确定。secadmin 权限配置示意图如图 2-13 所示。

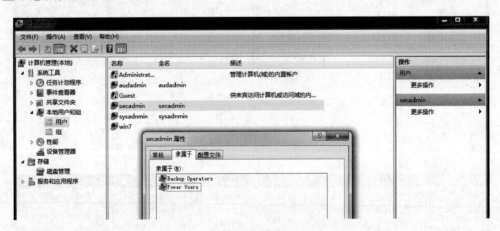

图 2-13　secadmin 权限配置示意图

选择用户"sysadmin"，右击"属性"，进入"隶属于→添加→选择组→高级→立即查找"，选择 Network Configuration Operators 组，点击确定。sysadmin 权限配置示意图如图 2-14 所示。

进入"控制面板→管理工具→本地安全策略→本地策略→用户权限分配（用户权利指派）→取得文件或其他对象的所有权"，添加用户"sysadmin"，点击确定。获得 sysadmin 所有权示意图如图 2-15 所示。

图 2-14 sysadmin 权限配置示意图

图 2-15 获得 sysadmin 所有权示意图

1. 账号更名

默认管理员账号为 Administrator。默认管理员账号可能被攻击者用来进行密码暴力猜测，可能由于太多的错误密码尝试导致该账户被锁定。建议修改默认管理员用户名。操作方法如下：

账户改名：以 Administrator 账户为例，进入"控制面板→管理工具→本地安全策略→本地策略→安全选项"，双击"账户：重命名系统管理员账号"，修改 Administrator 用户的名称。账号改名操作示意图如图 2-16 所示。

2. 账号禁用、删除

删除多余用户或非法用户、禁用账户等，可以防止黑客利用多余用户或非法用户

图 2-16 账号改名操作示意图

入侵。操作方法如下：

（1）删除多余账户：进入"计算机管理→系统工具→本地用户和组→用户"；查看窗口右侧的用户信息栏目，查找与设备运行、维护等工作无关的用户账户，右击删除。删除多余账户示意图如图 2-17 所示。

图 2-17 删除多余账户示意图

（2）禁用账户：以 Guest 账户为例，右击 Guest 用户，点击"属性"，勾选"账户已禁用"，点击确定。禁用账户示意图如图 2-18 所示。

图 2-18　禁用账户示意图

3. 设置口令的复杂性策略

根据相关管理要求，用户口令长度不小于 8 位，由字母、数字和特殊字符组成，不得与账户名相同，避免口令被暴力破解。对于口令的周期性策略，应设置账户口令的生存期不长于 90 天，避免密码泄露。操作方法如下：

修改密码策略：进入"控制面板→管理工具→本地安全策略→账户策略→密码策略"；双击"密码长度最小值"，设置"密码长度最小值"为 8 个字符，点击确定；双击"密码必须符合复杂性要求"，勾选已启用，点击确定；双击"密码最长使用期限"，设置"密码最长使用期限"为 90 天，点击确定。修改密码策略示意图如图 2-19 所示。

4. 用户登录失败锁定

配置当用户连续认证失败次数超过 5 次，锁定该用户使用的账户 10min，避免账户被恶意用户暴力破解。操作方法如下：

修改账户锁定策略：进入"控制面板→管理工具→本地安全策略→账户策略→账户锁定策略"；双击"账户锁定阈值"设置，设置无效登录次数为 5 次，点击确定；双击"账户锁定时间"设置，设置锁定时间 10min，点击确定。修改账户锁定策略示意图如图 2-20 所示。

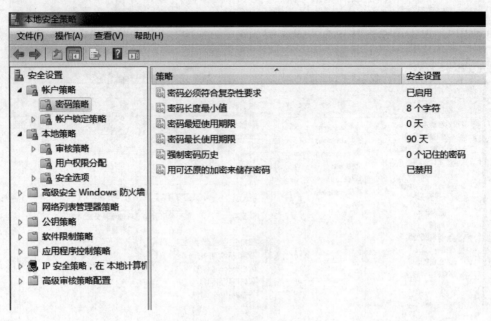

图 2-19　修改密码策略示意图

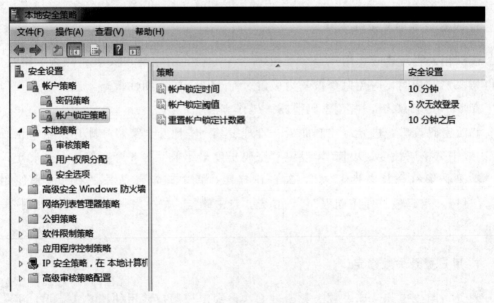

图 2-20　修改账户锁定策略示意图

5. 用户口令过期提醒

密码到期前提示用户更改密码，避免用户因遗忘更换密码而导致账户失效。操作方法如下：

设置用户口令过期提醒：进入"控制面板→管理工具→本地安全策略→本地策略→安全选项"；双击"交互式登录：提示用户在过期之前更改密码"，设置为 10 天，点击确定。用户口令过期提醒设置示意图如图 2-21 所示。

图 2-21　用户口令过期提醒设置示意图

2.3.2　网络服务

1. 禁止用户修改 IP 地址

规范主机网络配置管理，禁止用户任意更换 IP。如果业务需要修改 IP，可临时取消，修改完成后重新加固。操作方法如下：

禁止用户修改 IP 地址：按下 WIN+R，输入框输入 gpedit. msc，打开"本地组策略编辑器"；进入"用户配置→管理模板→网络→网络连接"；双击"禁止访问 LAN 连接组件的属性"，设置为已启用，点击确定；双击"禁止访问 LAN 连接的属性"，设置为已启用，点击确定；双击"禁用 TCP/IP 高级配置"，设置为已启用，点击确定。禁止用户修改 IP 地址示意图如图 2-22 所示。

2. 关闭默认共享

核实不需要默认共享后，关闭 Windows 硬盘默认共享，防止黑客从默认共享进入计算机窃取资料。操作方法如下：

关闭默认共享：进入"开始→控制面板→管理工具→计算机管理（本地）→共享文件夹→共享"；查看右侧窗口，选择对应的共享文件夹（例如 C＄、D＄、ADMIN＄、IPC＄等），右击"停止共享"。关闭默认共享示意图如图 2-23 所示。

图 2-22 禁止用户修改 IP 地址示意图

图 2-23 关闭默认共享示意图

3. 关闭不必要的服务

应遵循最小安装的原则，仅安装和开启必需的服务，避免未知漏洞给主机带来的风险。应与管理员逐一确认开启服务的必要性，并在实验机上进行充分测试。建议关闭以下服务：Alerter；Clipbook；Computer Browser；Fax Service；Internet Connection Sharing；Indexing Service；Messenger；NetMeeting Remote Desktop Sharing；Network DDE；Network DDE DSDM；Remote Access Connection Manager；Routing and Remote Access；Simple Mail Transport Protocol（SMTP）；Task Scheduler；Telnet，TCP/IP NetBIOS Helper。操作方法如下：

关闭不必要的服务：确认系统应用需要使用的服务；按下 WIN＋R，输入框中输入 services.msc 命令；双击需要关闭的服务，点击停止按钮以停止当前正在运行的服务；将启动类型设置为禁用，点击确定。备注在执行系统加固前确认系统应用无需使用该服务。关闭不必要服务示意图如图 2-24 所示。

图 2 24 关闭不必要服务示意图

4. 关闭不必要的端口

不必要的端口被启用，非法者可以利用这些端口进行攻击，获得系统相关信息，控制计算机或传播病毒，对计算机造成危害。应与管理员逐一确定端口开启的必要性，并在实验机上进行充分测试。建议禁止以下端口开放：TCP21，TCP23，TCP/UDP135，TCP/UDP137，TCP/UDP138，TCP/UDP139，TCP/UDP445。建议限制端口 TCP3389。操作方法如下：

关闭不必要的端口：查看系统当前实际监听的端口列表。在命令提示符中，输入netstat-ano 命令，查看系统当前网络连接状况，如图 2-25 所示。

图 2-25 当前网络连接状况

打开任务管理器，根据 PID 来查看端口对应的进程或服务；通过停止进程或禁用服务，关闭不必要的端口，如图 2-26 所示。

图 2-26 关闭不必要端口示意图

5. 关闭远程主机 RDP 服务

处于网络边界的主机 RDP 服务应处于关闭状态，有远程登录需求时可由管理员临时开启，避免非法用户利用 RDP 服务漏洞进行攻击。操作方法如下：

关闭远程主机 RDP 服务：右击"计算机"，选择"属性"，点击左侧菜单栏中的"远程设置"；选择"不允许连接到这台计算机"，取消勾选"允许远程协助连接这台计算机"，点击确定。关闭远程主机 RDP 服务示意图如图 2-27 所示。

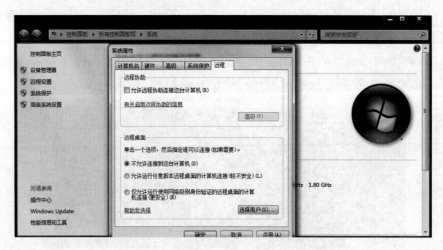

图 2-27 关闭远程主机 RDP 服务示意图

6. 限制远程登录的 IP

仅限于指定 IP 地址范围主机远程登录，防止非法主机的远程访问。操作方法如下：

限制远程登录的 IP：按下 WIN＋R，输入框输入 gpedit.msc，进入"本地组策略编辑器"；进入"计算机配置→管理模板→网络→网络连接→Windows 防火墙→域配置文件"；双击"允许入站远程桌面例外"，选择"已启用"；填入允许远程登录到本机的主机 IP 地址，并以逗号分隔，点击确定；再进入"计算机配置→管理模板→网络→网络连接→Windows 防火墙→标准配置文件"，重复上述操作。限制远程登录 IP 示意图如图 2 - 28 所示。

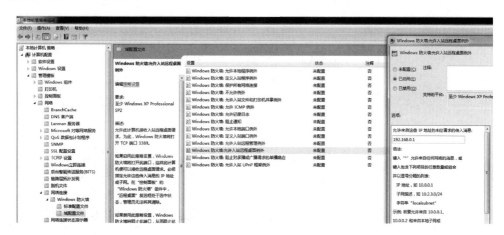

图 2 - 28　限制远程登录 IP 示意图

7. 限制远程登录时间

设置远程桌面服务在某个活动或空闲会话超时后自动终止，防止被非法用户利用。操作方法如下：

限制远程登录时间：按下 WIN＋R，在输入框输入 gpedit.msc，进入"本地组策略编辑器"；进入"用户配置→管理模板→Windows 组件→远程桌面服务→远程桌面会话主机→会话时间限制"，双击"达到时间限制时终止会话"，选择"已启用"，点击确定；双击"设置活动但空闲的远程桌面服务会话的时间限制"，选择"已启用"，设置"空闲会话限制"为 10min，点击确定。限制远程登录时间示意图如图 2 - 29 所示。

8. 限制匿名用户远程连接

限制匿名用户连接权限，防止用户远程枚举本地账号。操作方法如下：

限制匿名用户远程连接：按下 WIN＋R，在输入框输入 gpedit.msc，进入"本地组策略编辑器"；进入"计算机配置→Windows 设置→安全设置→本地策略→安全选项"；双击"网络访问：不允许 SAM 账号和共享的匿名枚举"，选择"已启用"，点击

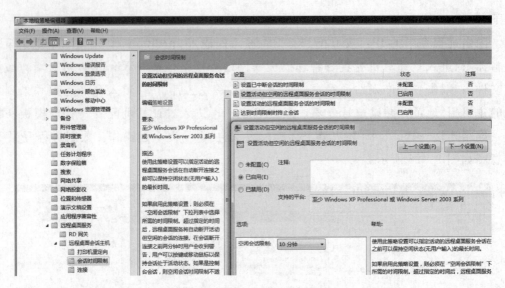

图 2-29 限制远程登录时间示意图

确定；双击"网络访问：不允许 SAM 账户的匿名枚举"，选择"已启用"，点击确定。限制匿名用户远程连接示意图如图 2-30 所示。

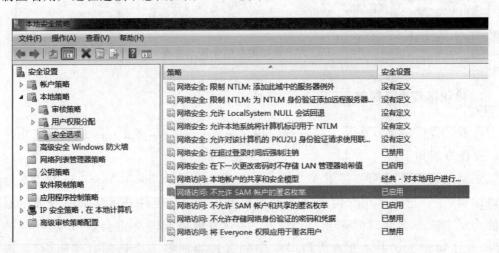

图 2-30 限制匿名用户远程连接示意图

9. 机间登录禁止使用公钥验证

禁止凭据管理器保存通过域身份验证的密码和凭据，避免用户信息泄露。操作方法如下：

主机间登录禁止使用公钥验证：进入"控制面板→管理工具→本地安全策略→本地策略→安全选项"；双击"网络访问：不允许存储网络身份验证的密码和凭据"，选择"已启用"，点击确定。主机间登录禁止使用公钥验证示意图如图 2-31 所示。

图 2-31 主机间登录禁止使用公钥验证示意图

2.3.3 日志与审计

1. 配置日志策略

配置系统日志策略配置文件，对系统登录、访问等行为进行审计，为后续问题追溯提供依据。系统默认安装为不开启任何审核，系统不能记录策略更改、登录等事件、账户登录事件、账户管理的成功或者失败，管理员将无法在日常的安全审计中发现可疑的行为。若系统配置了一定的审核策略，但不能完全记录策略更改、登录等事件、账户登录事件、账户管理的成功或者失败，管理员将难以在日常的安全审计中发现可疑的行为。操作方法如下：

配置日志策略：按下 WIN＋R，输入框输入 gpedit.msc，进入"本地组策略编辑器"；进入"计算机配置→Windows 设置→安全设置→本地策略→审核策略"；按照如下推荐参数对审核策略进行设置；设置完成后，点击确定。配置日志策略示意图如图2-32 所示。

2. 开启并设置防火墙

打开系统自带防火墙，减小被网络攻击的风险。开启防火墙，可能会影响某些程序和业务正常运行，安装前应事先调试确保无误后再安装。操作方法如下：

（1）开启防火墙：按下 WIN＋R，输入框中输入 Firewall.cpl；选择"打开或关闭 Windows 防火墙"，点击"启用 Windows 防火墙"。开启防火墙示意图如图 2-33所示。

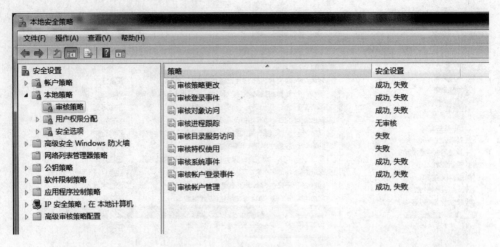

图 2-32　配置日志策略示意图

图 2-33　开启防火墙示意图

（2）设置防火墙规则：按下 WIN＋R，输入框中输入 wf.msc，进入高级安全防火墙，点击右侧"新建规则"；选择协议和端口；选择需要进行的操作；选择规则应用的范围；命名规则，点击完成。设置防火墙规则示意图如图 2-34 所示。

2.3.4　其他加固内容

1. 开启屏幕保护

根据相关管理要求，操作系统应设置开启屏幕保护，并将时间设定为 5min，避

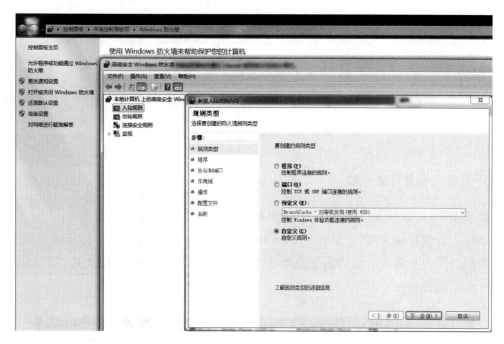

图 2-34 设置防火墙规则示意图

免非法用户使用系统。操作方法如下：

开启屏幕保护：进入"控制面板→显示→个性化→屏幕保护程序"；选择屏幕保护程序界面，设置"等待"为 5min，勾选"恢复时显示登录屏幕"，点击确定。开启屏幕保护示意图如图 2-35 所示。

2. 卸载无关软件

按照最小安装的原则，删除操作系统中与业务无关的软件。禁止安装与工作无关或存在安全漏洞的软件。工作站仅安装系统客户端的基础运行环境和文档编辑（WPS）、解压缩（WinRAR）、SSH 客户端等应用软件，服务器仅安装承载业务系统运行的基础软件环境。操作方法如下：

卸载无关软件：进入"控制面板→显示→个性化→屏幕保护程序"；确认系统中必须安装的软件列表；卸载与业务系统无关的软件。卸载无关软件示意图如图 2-36 所示。

图 2-35 开启屏幕保护示意图

图 2-36　卸载无关软件示意图

3. 禁用大容量存储介质

禁用 USB 存储设备，防止利用 USB 接口非法接入。操作方法如下：

禁用大容量存储介质：按下 WIN＋R，在输入框输入 regedit，打开注册表编辑器；按照下图所示路径，双击右侧注册表中的"Start"项，修改值为 4。禁用大容量存储介质示意图如图 2-37 所示。

图 2-37　禁用大容量存储介质示意图

4. 关闭自动播放功能

关闭移动存储介质或光驱的自动播放或自动打开功能，防止恶意程序通过 U 盘或光盘等移动存储介质感染主机系统。操作方法如下：

关闭自动播放功能：按下 WIN＋R，输入框中输入 gpedit.msc，进入"本地组策略编辑器"；进入"计算机配置→管理模板→Windows 组件→自动播放策略"；查看右侧小窗口，双击"关闭自动播放"，选择"已启用"；在"选项"中，选择"所有驱动器"，点击确定。关闭自动播放功能示意图如图 2-38 所示。

图 2 - 38　关闭自动播放功能示意图

5. 关机时清除虚拟内存页面文件

设置关机时清除虚拟内存页面文件，避免虚拟内存信息通过硬盘泄露。操作方法如下：

关机时清除虚拟内存页面文件：进入"开始→控制面板→管理工具→本地安全策略"；进入"安全设置→本地策略→安全选项"；双击"关机：清除虚拟内存页面文件"，属性设置为"已启用"，点击确定。关机时清除虚拟内存页面文件示意图如图 2 - 39 所示。

6. 系统不显示上次登录用户名

操作系统不显示上次用户名，避免用户名泄露。操作方法如下：

系统不显示上次登录用户名：进入"控制面板→管理工具→本地安全策略→本地策略→安全选项"；双击"交互式登录：不显示最后的用户名"，选择"已启用"，点击确定。系统不显示上次登录用户名示意图如图 2 - 40 所示。

7. 禁止未登录前关机

设置 Windows 登录屏幕上不显示关闭计算机的选项，避免用户名暴露。操作方

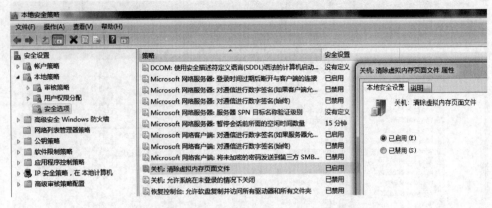

图 2-39 关机时清除虚拟内存页面文件示意图

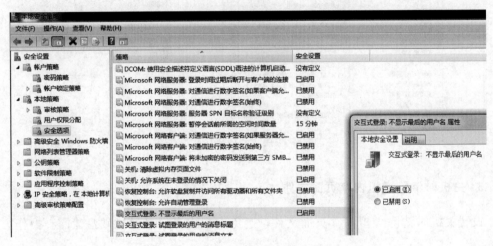

图 2-40 系统不显示上次登录用户名示意图

法如下：

禁止未登录前关机：进入"控制面板→管理工具→本地安全策略→本地策略→安全选项"；双击"关机：允许系统在未登录的情况下关闭"，设置属性为"已禁用"，点击确定。禁止未登录前关机示意图如图 2-41 所示。

8. 禁止非管理员关机

仅允许 Administrators 组进行远端系统强制关机和关闭系统，避免非法用户关闭系统。操作方法如下：

禁止非管理员关机：进入"开始→控制面板→管理工具→本地安全策略→本地策略→用户权限分配"；分别双击"关闭系统"和"从远程系统强制关机"选项，仅配置系统管理员（sysadmin）用户。禁止非管理员关机示意图如图 2-42 所示。

图 2-41　禁止未登录前关机示意图

图 2-42　禁止非管理员关机示意图

2.4　Linux 系统安防加固关键技术

2.4.1　账户口令及权限控制

在进行 Linux 系统账户口令及权限控制相关的加固操作之前必须了解/etc/passwd、/etc/shadow 和/etc/group 这三个文件。

（1）/etc/passwd：用于保存用户账号的基本信息，每一行对应一个用户的账号记录。其格式如下：

用户名：密码：uid：gid：用户描述：家目录：登录 shell。

例如，用户 d5000 后面有 2 个冒号，表示其密码为空。/etc/passwd 文件内容示意图如图 2-43 所示。

```
lightdm:x:119:129:Light Display Manager:/var/lib/lightdm:/bin/false
ns5000:x:1000:1000:ns5000,,,:/home/ns5000:/bin/false
d5000::1001:1001::/home/d5000:/bin/tcsh
```

图 2-43　/etc/passwd 文件内容示意图

（2）/etc/shadow：用于保存密码字串、密码有效期等信息，是 passwd 的影子文件，与 passwd 文件是互补关系，文件中包括用户及被加密的密码以及其他 passwd 文件不能包括的信息，如用户的有效期限等，只有 root 有权操作这个文件。

（3）/etc/group：用于存放本地用户组的信息。

1. 删除操作系统的无关账户

系统存在与正常业务应用或系统维护无关的账号，使攻击者猜测密码成功的可能性增大。注意 sshd 账号不能使用"♯"屏蔽，否则 SSH 服务无法正常启动。操作方法如下：

（1）执行 vi/etc/passwd。

（2）将 sshd 和 ftp 的 shell 改为/bin/false。

2. 为空口令用户设置密码

猜测密码是系统最常遇到的攻击方法之一，口令最短长度越短，用暴力破解成功的可能性越大。

```
root@Linux:~# passwd d5000
新的 密码：
重新输入新的 密码：
重新输入新的 密码：
passwd:已成功更新密码
```

图 2-44　passwd 命令
示意图

因此需要完善账号管理制度，设置位数大于 8 位，数字、字母混合，区分大小写的口令。操作方法如下：

（1）执行 cat/etc/passwd，查找空口令用户。

（2）用 passwd 命令为空口令用户设置密码。

（3）用同样的方法，确保/etc/shadow 和/etc/group 这 2 个文件属性安全。passwd 命令示意图如图 2-44 所示。

3. 设置口令生存策略

设置账户口令生存周期，实现口令最大有效期，口令修改之间的最小天数，预期 10 天警告的加固要求。口令生存周期的修改分两大类：已创建的用户和未创建的用户。操作方法如下：

执行 vi/etc/login. defs 查看相关配置：PASS_MAX_DAYS 表示口令的最长使用期限，PASS_MIN_DAYS 表示口令最短修改天数，PASS_WARN_AGE 表示口令过期前的提醒天数。设置口令有效期 90 天，口令修改最短时间 1 天，且在过期前 10 天提醒。/etc/login. defs 文件示意图如图 2 - 45 所示。

```
#
# Password aging controls:
#
#       PASS_MAX_DAYS   Maximum number of days a password may be used.
#       PASS_MIN_DAYS   Minimum number of days allowed between password changes.
#       PASS_WARN_AGE   Number of days warning given before a password expires.
#
PASS_MAX_DAYS   90
PASS_MIN_DAYS   1
PASS_WARN_AGE   10
```

图 2 - 45 /etc/login. defs 文件示意图

如需对已存在的用户设定口令有效期为 60 天，提前 10 天提醒，则需要使用 chage 命令：

chage - M 90 - m 1 - W 10 d5000

（1）修改密码复杂度策略。对操作系统设置口令策略，设置口令复杂性要求，为所有用户设置强壮的口令。要求口令长度不小于 8 位；口令是字母、数字和特殊字符组成；口令不得与账户名相同。操作方法如下：

1）进入相关文件，vi/etc/pam. d/password。

2）在文件内任意地方添加以下内容：

password required pam_cracklib. so retry＝3 minlen＝8 difok＝3 reject_username lcredit＝－1 ucredit＝－1 dcredit＝－1 ocredit＝－1

相关配置文件参数说明见表 2 - 1。

表 2 - 1 相关配置文件参数

参 数 名 称	参 数 说 明
retry	用户登录口令重试次数
minlen	口令最小长度
difok	新旧口令中有三位不相同
reject_username	口令中不允许包含与用户名相同的字段
lcredit＝－1	至少包含一个小写字母
ucredit＝－1	至少包含一个大写字母
dcredit＝－1	至少包含一个数字
ocredit＝－1	至少包含一个特殊字符

（2）设置账户锁定策略。设置连续认证失败超过一定次数账户自动锁定，实现登录失败 5 次锁定账户的加固要求。需要进入相关配置文件分别对 SSH 和 login 登录方式进行设置，操作方法如下：

1）对 SSH 远程登录进行设置：执行 vi/etc/pam. d/sshd，在该文件中任意位置新增以下内容：

auth required pam_tally. so deny=5 audit unlock_time=600 no_magic_root even_deny_root_account root_unlock_time=600

内容含义为：设置远程登录失败 5 次进行锁定，时长 600s，对 root 用户采取同样的登录锁定策略。

2）对终端登录进行设置：执行 vi/etc/pam. d/login，在该文件中任意位置新增以下内容：

auth required pam_tally. so deny=5 audit unlock_time=600 no_magic_root even_deny_root_account root_unlock_time=600

内容含义为：设置远程登录失败 5 次进行锁定，时长 600s，对 root 用户采取同样的登录锁定策略。

（3）设置超时自动注销。当用户离开计算机时，出于安全考虑，最好能让系统在隔一段时间后能自动退出。为了能做到这一点，必须系统指定一个自动注销时间，操作方法如下：

1）对于 bash 用户，以 root 用户为例：

执行 vi/etc/profile 并添加 "TMOUT=600"。

执行 vi/root/. bashrc 并添加 "TMOUT=600"。

参数说明：TMOUT 以秒为单位。

2）对于 tcsh 用户，以 d5000 用户为例：

执行 vi/etc/csh. cshrc 并添加 "set－r autologout=10"。

执行 vi/home/d5000/. cshrc 并添加 "set－r autologout=10"。

参数说明：autologout 是以分钟为单位。

2.4.2　网络服务

1. 关闭不必要的服务

系统应关闭不必要的网络服务，防止多余的网络端口受到安全攻击。应用系统或程序可能对特定的系统服务有依赖关系，应与管理员逐一确认关闭端口的可行性，并在实验机上进行充分测试。操作方法如下：

以 80 端口为例，发现系统 80 端口存在安全隐患，通过与业务部门沟通确认该服务可以关闭，并关闭其自启动。

（1）执行 lsof－i：80，确认为 http 服务。

（2）/etc/init. d/apache stop。

以上两步命令的操作结果的端口查看示意图如图 2-46 所示。

```
root@Linux:~# lsof -i:80
COMMAND        PID      USER   FD   TYPE DEVICE SIZE/OFF NODE NAME
/usr/sbin 15346      root     4u   IPv6 115951      0t0  TCP *:http (LISTEN)
/usr/sbin 15349  www-data     4u   IPv6 115951      0t0  TCP *:http (LISTEN)
/usr/sbin 15350  www-data     4u   IPv6 115951      0t0  TCP *:http (LISTEN)
/usr/sbin 15351  www-data     4u   IPv6 115951      0t0  TCP *:http (LISTEN)
/usr/sbin 15352  www-data     4u   IPv6 115951      0t0  TCP *:http (LISTEN)
/usr/sbin 15353  www-data     4u   IPv6 115951      0t0  TCP *:http (LISTEN)
root@Linux:~# /etc/init.d/apache2 stop
[ ok ] Stopping apache2 (via systemctl): apache2.service.
root@Linux:~# lsof -i:80
root@Linux:~#
```

图 2-46　端口查看示意图

通过 chkconfig 命令关闭 apache2 服务的自启动，如图 2-47 所示。

```
root@Linux:~# chkconfig -list | grep apache2
apache2                0:off  1:off  2:on   3:on   4:on   5:on   6:off
root@Linux:~# chkconfig apache2 off
root@Linux:~# chkconfig -list | grep apache2
apache2                0:off  1:off  2:off  3:off  4:off  5:off  6:off
```

图 2-47　chkconfig 命令示意图

2. 限制主机的远程管理地址

仅限于指定 IP 地址范围主机远程登录，防止非法主机的远程访问。TCP Wrappers（tcpd）通过读取两个文件决定应该允许还是拒绝到达的 TCP 连接。这两个文件是/etc/hosts. allow 和/etc/hosts. deny，分别代表允许和拒绝的远程登录 IP 地址，操作方法如下：

（1）执行 vi/etc/hosts. deny。

（2）在文件中添加 ALL：ALL：deny。

（3）执行 vi/etc/hosts. allow。

（4）在文件中添加 sshd：202.54.15.0/24：allow。

3. 提升 sshd 服务的安全性

对 sshd 服务进行个性化的修改，确保 SSH 服务的安全性。例如，可以修改服务端口为 3333，允许一次登录 30s 内尝试密码输入 3 次，只允许 d5000 用户从 192.168.1.100 和 192.168.1.100 主机登录，并修改 banner 信息，操作方法如下：

（1）执行 vi/etc/ssh/sshd _ config。

（2）在文件内查找并修改以下内容，如不存在，则在任意位置添加内容：

prot 3333

LoginGraceTime 30

```
MaxAuthTries 3
UsePAM yes
PermitRootLogin no
RSAAuthentication no
AllowUsers d5000@192.168.1.100,192.168.1.102
Banner none
```

（3）重启服务生效，执行/etc/init.d/sshd restart。

具体含义为：指定端口 SSH 远程登录服务端口 3333；允许一次登录花费时间30s；账号锁定阈值 3 次；启用 PAM 验证；禁止 root 用户远程登录；禁止 RSA 验证；禁止公钥验证；仅允许 d5000 用户 192.168.1.100 和 192.168.1.102 主机登录；不显示登录欢迎页面。

4. 配置 iptables

配置 iptables 组成的 Linux 平台下的包过滤防火墙，与大多数的 Linux 软件一样，这个包过滤防火墙是免费的，它可以代替昂贵的商业防火墙解决方案，完成封包过滤、封包重定向和网络地址转换（NAT）等功能。

iptables 规则（rules）其实就是网络管理员预定义的条件，规则一般的定义为"如果数据包头符合这样的条件，就这样处理这个数据包"。规则存储在内核空间的信息包过滤表中，这些规则分别指定了源地址、目的地址、传输协议（如 TCP、UDP、ICMP）和服务类型（如 HTTP、FTP 和 SMTP）等。当数据包与规则匹配时，iptables 就根据规则所定义的方法来处理这些数据包，如放行（accept）、拒绝（reject）和丢弃（drop）等。配置防火墙的主要工作就是添加、修改和删除这些规则。

iptables 内置了 filter、nat、mangle 和 raw 4 个表，分别用于实现包过滤，网络地址转换、包重构（修改）和数据跟踪处理。同时定义了链，链（chains）是数据包传播的路径，每一条链其实就是众多规则中的一个检查清单，每一条链中可以有一条或数条规则。当一个数据包到达一个链时，iptables 就会从链中第一条规则开始检查，看该数据包是否满足规则所定义的条件。如果满足，系统就会根据该条规则所定义的方法处理该数据包；否则 iptables 将继续检查下一条规则，如果该数据包不符合链中任一条规则，iptables 就会根据该链预先定义的默认策略来处理数据包。

Iptables 采用"表"和"链"的分层结构。连接追踪 raw 表是数据包刚进入就要记录的，所以优先级最高，过滤表 filter 表作为最后一道屏障，优先级是最低的。iptables 表、链关系图如图 2-48 所示。

iptables 的配置命令选项较多，归纳起来有一个通用公式，即：

iptables[-t 表名]命令选项[链名][条件匹配][-j 目标动作或跳转]

表名、链名用于指定 iptables 命令所操作的表和链，命令选项用于指定管理 ipt-

48

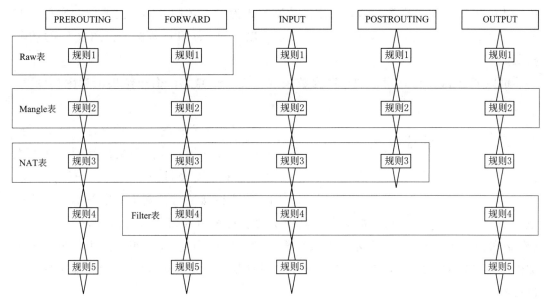

图 2 - 48　iptables 表、链关系图

ables 规则的方式，比如插入、增加、删除、查看等；条件匹配用于指定对符合什么样条件的数据包进行处理；目标动作或跳转用于指定数据包的处理方式，比如允许通过、拒绝、丢弃、跳转给其他链处理等，例如：

（1）拒绝进入防火墙的所有 ICMP 协议数据包。

iptables - A INPUT - p icmp - j REJECT

（2）拒绝转发来自 192.168.1.10 主机的数据，允许转发来自 192.168.0.0/24 网段的数据。注意，要把拒绝的放在前面优先匹配。

iptables - A FORWARD - s 192.168.1.11 - j REJECT
iptables - A FORWARD - s 192.168.0.0/24 - j ACCEPT

（3）只允许管理员从 202.13.0.0/16 网段远程登录主机。

iptables - A INPUT - p tcp — dport 22 - s 202.13.0.0/16 - j ACEPT
iptables - A INPUT - p tcp — dport 22 - j DROP

（4）禁止转发来自 MAC 地址为 00：0C：29：27：55：3F 的主机的数据包。

iptables - A FORWARD - m mac - mac - source 00:0c:29:27:55:3F - j DROP

2.4.3　文件与授权

1. 设置文件访问权限

配置系统重要文件的访问控制策略，严格限制访问权限（如读、写、执行），避免被普通用户修改和删除。这里所用的控制方式为自主访问控制。主要控制文件所有者、所属组、其他用户对文件的访问权限。以文件 testfile 为例，介绍文件的访问权限。

可以通过 ls 命令，附带"-l"参数来查看文件信息，ls 命令结果示意图如图 2-49 所示。

```
root@Linux:~# ls -l ./testfile
-rw-r--r-- 1 root root 10 7月  24 15:15 ./testfile
```

图 2-49 ls 命令结果示意图

在结果展示的第一列中有 10 位字符。其中，第一个字符代表文件类型，常见类型如：d：代表目录；-：代表普通文件；l：代表链接文件。剩下的字符每三个为一组，共分三组，内容为 rwx 的组合。其中 r 代表可读（read）、w 代表可写（write）、x 代表可执行（execute），若不存在某权限，则对应位为-。在三组权限中：第一组为文件所有者对文件的操作权限；第二组为文件所属组的权限；第三组为其他用户的操作权限。

2. 实现方法

可以通过 chmod 设定文件权限，实现的方法有数字权限设定、字符权限设定两种。

（1）数字设定法。文件的权限为 rwx 的组合，每个权限可以使用数字来表示，如 r：4、w：2、x：1，则用户对文件的操作权限可以表示为各权限位数字的累加。

（2）字符设定法。chmod 命令中字符 u、g、o 分别代表文件所有者、所属组用户、其他用户三种身份，a 代表全部身份，可对不同身份通过 +（添加）、-（去除）、=（设定）进行权限设定。文件权限示意图如图 2-50 所示。

```
root@Linux:~# ls -l ./testfile
-rw-r--r-- 1 root root 10 7月  24 15:15 ./testfile
root@Linux:~# chmod 750 ./testfile
root@Linux:~# ls -l ./testfile
-rwxr-x--- 1 root root 10 7月  24 15:15 ./testfile
root@Linux:~# chmod o+x ./testfile
root@Linux:~# ls -l ./testfile
-rwxr-x--x 1 root root 10 7月  24 15:15 ./testfile
```

图 2-50 文件权限示意图

2.4.4 日志与审计

1. 启用日志功能

应将 syslog 服务启动，为系统出现安全问题时提供日志信息进行查询分析，实现安全事件的追踪。操作方法如下：

（1）执行/etc/init. d/rsyslog start。

（2）查看进行 ps - ef | grep rsyslog，确认 rsyslog 进程启动。

2. 合理分配日志空间

对审计产生的日志数据分配合理的存储空间和存储时间。默认配置为：最大日志文件容量 300MB，超过大小则进行 ROTATE 日志轮转，日志空间分配程序的操作方法如下：

（1）修改配置文件/etc/audit/auditd. conf 修改以下参数：

```
max_log_file=300
num_logs=8
max_log_file_action=ROTATE
```

（2）执行/etc/init. d/auditd restart，启动服务。日志存储的文件最大数量由配置参数 num _ logs 决定，表示日志轮转时，可以保存的日志文件最大数目。参数越大，旧日志保存的文件个数越多。max _ log _ file＝300 表示日志文件每个最多存 300MB，超过 300MB 就会进行日志轮转（ROTATE），首先把审计日志文件 audit. log 改名保存为 audit. log. 1，然后新开一个文件 audit. log 进行审计日志保存。如果新开的日志文件 audit. log 再超过 300MB，就首先把 audit. log. 1 存为 audit. log. 2，把 audit. log 存为 audit. log. 1，然后新开一个 audit. log 文件用于记录新的审计日志。以此类推，审计日志文件最多可达 8 个。

3. 修改审计日志的保存时间

使用 logrotate 软件实现审计日志管理。logrotate 是个独立的第三方软件，专门用来对各种日志，按照 daily/weekly/monthly 的方式进行转存日志。当日志保存超过设定时间后，新日志会自动覆盖原有的日志。其中的参数 monthly 表示以月为单位，minsize 1M 表示至少大小 1MB 以上才考虑日志轮转。rotate 2 表示轮转总数目为 2个，monthly 加上 rotate 2 决定了日志保存时间是 2 个月，操作方法如下：

（1）在/etc/logrotate. d 目录中增加一个新文件 auditd。

（2）编辑文件内容，修改文件内容如下：

```
/var/log/audit/audit. log{
monthly
minsize 1M
rotate 2
create 0640 audadmin audadmin
sharedscripts
postrotate
echo "finished audit. log rotate，restart audit. . "
/etc/init. d/auditd restart
```

```
endscript
}
```

参数说明：echo " begining audit. log rotate..." ，这里表示日志轮转前的打印信息。echo " finished audit. log rotate, restart auditd..." /etc/init. d/auditd restart，表示日志轮转后的打印信息，且轮转后会重启审计服务。

4. 修改系统日志的保存时间

系统日志文件包括 messages、backlog、wtmp 和 btmp 等。应根据具体要求修改相关参数，例如将保存时间设置为 2 个月，也可以以星期 weekly 为单位，rotate 8 即表示日志保存时间是 8 周，操作方法如下：

（1）执行 vi/etc/logrotate. conf。

（2）修改文件内容如下：

```
/var/log/btmp{
missingok
monthly
create 0660 root utmp
rotate 2
}
```

2.4.5 其他加固内容

1. 禁止 USB 存储驱动

禁止 USB 存储驱动，保留其他 USB 设备驱动，保存 u-key。操作方法如下：

（1）进入 usb-storage. ko 文件所在路径。

（2）执行 rm-rf usb-storage. ko。

```
root@Linux:~# find / -name *usb-storage*
/lib/modules/4.9.0-0.bpo.1-linx-security-amd64/kernel/drivers/usb/stor
age/usb-storage.ko
root@Linux:~# find / -name *usb-storage* | xargs rm -rf
root@Linux:~# find / -name *usb-storage*
root@Linux:~#
```

图 2-51 禁止 USB 存储驱动操作示意图

也可以通过 find 命令找到 usb-storage. ko 的文件路径，并利用 xargs 命令将执行结果传递给 rm-rf 命令进行删除，禁配置结果为禁止 USB 存储驱动操作示意图如图 2-51 所示。

2. 隐藏操作系统版本提示信息

避免版本信息被黑客利用。操作方法如下：

执行 echo "" >/etc/issue，或者使用 vim 编辑器清空/etc/issue 文件的内容。

第3章 电力专用纵向加密认证装置

3.1 工作原理

3.1.1 纵向加密认证装置概述

电力专用纵向加密认证装置（VEAD）安装在调度数据网与广域网的纵向边界，具体而言就是安装于调度数据网交换机与路由器之间，用来保障电力监控系统数据纵向传输过程中的机密性、完整性和真实性。纵向加密认证装置典型应用场景如图3-1所示。

图3-1 纵向加密认证装置典型应用场景

电力专用纵向加密认证装置采用了隧道封装、访问控制、加解密与数字签名等一系列安全防护技术，从而在电力调度数据网边界保障通信实体双向认证，同时还具备对电力系统专用的应用层通信协议转换功能，以便于实现端到端的选择性保护。为理解纵向加密认证装置工作原理，需要对密码学知识、电力调度数字证书系统、隧道技术均有一定的了解。

3.1.2 密码学在纵向加密认证装置中的应用

在密码学中，有一个包括明文、密文、密钥、加密算法、解密算法的五元组，对应的加密方案称为密码体制（或密码），具体如下：

（1）明文：是作为加密输入的原始信息，即消息的原始形式。

（2）密文：是明文经加密变换后的结果，即消息被加密处理后的形式。

（3）密钥：是参与密码变换的参数。

（4）加密算法：是将明文变换为密文的变换函数。

（5）解密算法：是将密文恢复为明文的变换函数，相应的变换过程称为解密，即译码的过程。

密码体制分为两大类，即对称密码体制和公钥密码体制（或非对称密码体制）。

对称加密算法加密密钥和解密密钥相同，具有加密和解密的速度快的优点，但是密钥需要通过直接复制或网络传输的方式由发送方传给接收方，同时无论加密还是解密都使用同一个密钥，所以密钥的管理和使用很不安全，而且无法解决消息的确认问题，并缺乏自动检测密钥泄露的能力。

非对称加密算法，加密密钥与解密密钥不同，此时不需要通过安全通道来传输密钥，只需要利用本地密钥发生器产生解密密钥，并以此进行解密操作。由于非对称加密的加密和解密不同，且能够公开加密密钥（公钥），仅需要保密解密密钥（私钥），所以不存在密钥管理问题，还可以用于数字签名。但是非对称加密算法一般比较复杂，加密和解密的速度较慢。对称加密算法与非对称加密算法比较见表3-1。

表3-1   对称加密算法与非对称加密算法比较

	对 称 算 法	非 对 称 算 法
核心技术	分组算法	单项陷门函数（各种数学难题）
应用场景	数据加解密	认证、签名、少量数据加密
密钥体制	单密钥	双密钥（公钥＋私钥）
算法举例	SM1、AES、DES、3DES…	RSA、SM2、EIGama…
优点	计算量小、加密速度快、加密效率高、算法公开	实现身份认证，是数字证书的基础、密钥分发较为安全
缺点	密钥交换过程面临安全风险	运算开销大、运算速度慢

在实际应用场景中几乎不直接使用公钥密码来加密数据，一般的做法是先使用公钥来加密对称加密算法中的对称密码，实现对称密码的安全交换；然后再使用对称密码加密数据。

纵向加密认证技术中使用到的加密算法（装置）有非对称加密算法 RSA（1024位）、SM2（256位）以及电力专用对称加密算法 SSF09（16字节）和电力专用硬件加密芯片 SSX06。此外，纵向加密认证装置还采用单向散列算法 MD5、SM3 进行摘要计算。

RSA 是 1977 年由 Ron Rivest、Adi Shamir 和 Leonard Adleman 一起提出的。RSA 算法被 ISO 推荐为公钥数据加密标准。RSA 算法基于一个简单的数论事实：将两个大素数相乘容易，但想要对其乘积进行因式分解却极其困难。RSA 的缺点主要有：产生密钥很麻烦，受到素数产生技术的限制。运算代价很高，速度较慢，较对称密码算法慢几个数量级；RSA 密钥长度随着保密级别提高，增加很快。

SM2 算法基于椭圆曲线密码学（ECC），是基于椭圆曲线数学的一种公钥密码的方法。椭圆曲线在密码学中的使用是在 1985 年由 Neal Koblitz 和 Victor Miller 分别独立提出的。椭圆曲线密码体制较 RSA 密码体制表现出密钥体积小、运算速度快、安全等级高的特点。

电力专用对称加密算法 SSF09 属于分组算法。分组密码是将明文消息编码表示后的数字（简称明文数字）序列，划分成长度为 n 的组（可看成长度为 n 的矢量），每组分别在密钥的控制下变换成等长的输出数字（简称密文数字）序列。扩散（diffusion）和扰乱（confusion）是影响密码安全的主要因素。扩散是让明文中的单个数字影响密文中的多个数字，从而使明文的统计特征在密文中消失，相当于明文的统计结构被扩散。扰乱是指让密钥与密文的统计信息之间的关系变得复杂，从而增加通过统计方法进行攻击的难度。扰乱可以通过各种代换算法实现。

单向散列函数，又称 Hash 函数（也称杂凑函数或杂凑算法），就是把任意长的输入消息串变化成固定长的输出串的一种函数。这个输出串称为该消息的杂凑值（哈希值）。一般用于产生消息摘要、密钥加密等。对称加密算法和非对称加密算法有效解决了机密性、不可否认性和身份鉴别等功能，单向散列算法则有效解决了完整性的问题，提高了数字签名的有效性，目前已有很多方案。散列算法都是伪随机函数，任何杂凑值都是等可能的。输出并不以可辨别的方式依赖于输入；在任何输入串中单个比特的变化，将会导致输出比特串中大约一半的比特发生变化。

3.1.3 纵向加密认证装置密钥

纵向加密认证装置密钥分为设备密钥、操作员密钥、会话密钥、通信密钥四类，具体如下：

（1）设备密钥为非对称密钥，配置在纵向加密认证装置和装置管理系统，用于设备的认证与会话密钥的协商。

（2）操作员密钥为非对称密钥，配置在操作员卡，用于操作员和纵向加密认证装置的人机卡认证。

（3）会话密钥为对称密钥，对纵向加密认证装置之间的通信加密。

（4）通信密钥为对称密钥，用于装置管理系统与设备之间数据通信加密。

3.1.4 纵向加密认证装置隧道建立及证书

电力专用纵向加密认证装置通过会话密钥的协商来建立隧道。隧道建立成功的前提是两台装置相互获得对方的公钥，生产工作中装置的公钥被工作人员称为证书。电力专用纵向加密认证装置使用的证书主要采用 SM2 或者 RSA 算法，证书请求文件通过加密认证装置管理软件操作生成，后缀为 .csr、.pem 或 .req。由证书系统签发后形成后缀为 .cer 或 .crt 的证书文件，可用证书格式打开后在详细信息中查看证书采用的加密算法类型，RSA 证书公钥显示 RSA（1024bit），SM2 证书显示 ECC（256bit）（在 windows 系统内可能会显示为 0bit，为显示错误）。

3.1.5 纵向加密认证装置数据报文加解密传输过程

隧道技术的核心内容是协议封装技术、数据加解密技术、数字签名技术，用以保障通信双方实体身份的双向认证，通信数据的机密性、完整性、不可抵赖性。纵向加密认证装置隧道的本质是对 IP 报文增加报文头，隐藏原 IP 报文中的源地址、目的地址、协议、源端口、目的端口。

以图 3-2 所示的加密报文封装流程应用业务系统为例，Server1 试图通过 104 规约访问 Server3 服务器，若加密认证装置 VEAD1 和 VEAD2 之间隧道协商正常，且有对应的密文策略，则报文沿途的源 IP 地址、目的 IP 地址、报文协议名称（TCP、UDP 或其他，或填写 IP 协议号）的变化情况见表 3-2。

图 3-2　加密报文封装流程

表 3-2　　　　　　　　　　　　　报　文　变　化　情　况

报文流向	目的 IP	源 IP	报文协议	目的端口
Server1→VEAD1	32.79.1.2	32.100.0.21	TCP	2404
VEAD1→R1	32.79.1.41	32.100.0.41	50	—
R1→R2	32.79.1.41	32.100.0.41	50	—
R2→VEAD2	32.79.1.41	32.100.0.41	50	—
VEAD2→Server2	32.79.1.2	32.100.0.21	TCP	2404

从表 3-2 中可以看出，过加密认证装置会将原来数据包直接封装，新封装后数据的源 IP 和目的 IP 分别为本地加密认证装置 IP 和对端加密认证装置 IP，协议号为 50。

电力专用纵向加密认证装置还具备旁路功能，若设备断电，则相当于网口直连对端装置，隧道由建立状态切换成断开状态，业务数据以明文形式正常通信。

3.1.6 纵向加密认证装置的典型应用环境

纵向加密认证装置部署在电力控制系统的内部局域网与电力调度数据网络的路由器之间，纵向加密认证装置部署位置如图3-3所示。以二层交换环境、路由交换环境、借用地址环境、双机热备环境为例，提供配置参考。

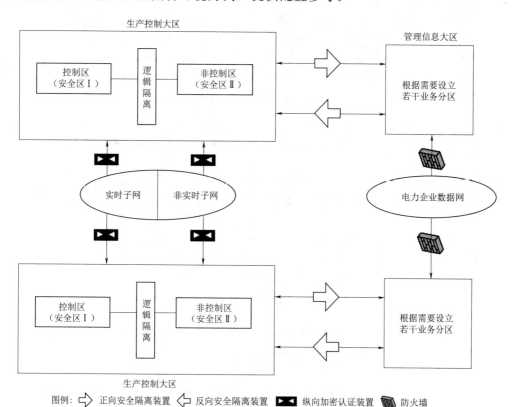

图3-3　纵向加密认证装置部署位置

3.1.6.1 二层交换环境

二层交换环境示例图如图3-4所示，纵向加密装置1的IP为192.168.0.100、纵向加密装置2的IP为192.168.1.200，PC1与PC2需要传输密文数据。

以加密装置2为例，配置如下：

（1）二层交换环境—系统配置如图3-5所示，打开系统配置，配置远程管理地址及日志审计地址，实现装置能被远程管理以及日志发送审计平台。

（2）二层交换环境—网络配置如图3-6所示，打开网络配置，定义eth1、eth2的接口属性，并定义桥接配置，配置相应的设备IP。

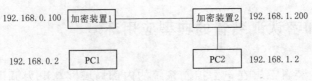

图 3-4　二层交换环境示例图

图 3-5　二层交换环境—系统配置

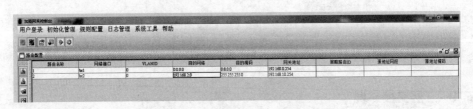

图 3-6　二层交换环境—网络配置

（3）二层交换环境—路由配置如图 3-7 所示，打开路由配置，定义路由名称、网络接口、VLAN ID、目的网络、网关地址等。

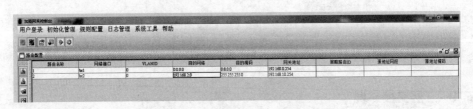

图 3-7　二层交换环境—路由配置

（4）二层交换环境—隧道配置如图 3-8 所示，打开隧道配置，填写隧道本端及对端地址，添加对端装置证书。

（5）二层交换环境—策略配置如图 3-9 所示，打开策略配置，定义源端口、目的端口、源地址、目的地址、协议类型等元素。

（6）二层交换环境—桥接配置如图 3-10 所示，打开桥接配置，选好绑定的接口，保证虚拟网卡的名称与网络配置中的桥接口描述一致。

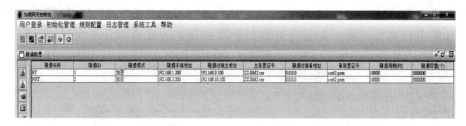

图 3-8 二层交换环境—隧道配置

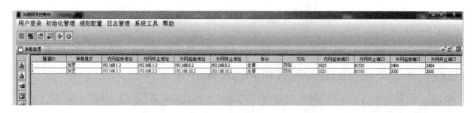

图 3-9 二层交换环境—策略配置

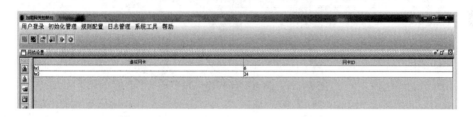

图 3-10 二层交换环境—桥接配置

3.1.6.2 路由交换环境

纵向加密认证装置支持 VLAN 接入，可实现路由交换功能。路由交换环境示例如图 3-11 所示，加密装置 1 的 IP 为 192.168.0.100；加密装置 2 的 IP 为 192.168.1.200，与交换机的 trunk 口相连，PC2 接入交换机的 VLAN 10 中。

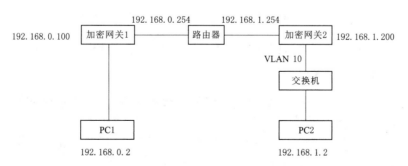

图 3-11 路由交换环境示例

以加密装置 2 为例，配置如下：

（1）路由交换环境—系统配置如图 3-12 所示，打开系统配置，配置好远程管理地址及日志审计地址，实现装置能被远程管理以及日志发送审计平台。

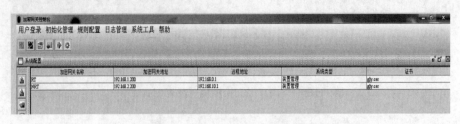

图 3-12　路由交换环境—系统配置

（2）路由交换环境—网络配置如图 3-13 所示，打开网络配置，定义 eth1、eth2 的接口属性，并定义桥接配置，配置相应的设备 IP。

图 3-13　路由交换环境—网络配置

（3）路由交换环境—路由配置如图 3-14 所示，打开路由配置，定义路由名称、网络接口、VLAN ID、目的网络、网关地址等。

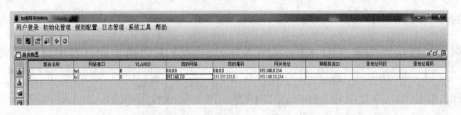

图 3-14　路由交换环境—路由配置

（4）路由交换环境—隧道配置如图 3-15 所示，打开隧道配置，填写隧道本端及对端地址，添加对端装置证书。

图 3-15　路由交换环境—隧道配置

（5）路由交换环境—策略配置如图 3-16 所示，打开策略配置，定义源端口、目的端口、原地址、目的地址、协议类型等元素。

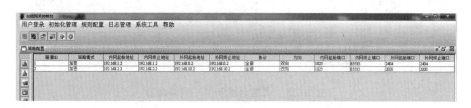

图 3-16　路由交换环境—策略配置

（6）路由交换环境—桥接配置如图 3-17 所示，打开桥接配置，选好绑定的接口，保证虚拟网卡的名称与网络配置中的桥接口描述一致。

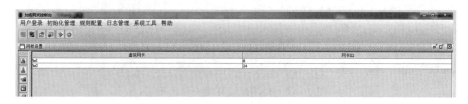

图 3-17　路由交换环境—桥接配置

3.1.6.3　借用地址环境

在实际的网络接入环境中，从安全考虑将网络地址子网掩码设置为 255.255.255.0。由于网络环境中仅存在两个可用 IP 地址，且被路由和交换机占用，纵向加密认证装置无法配置可用的 IP 地址，因此需要进行借用地址配置实现接入。借用地址示例环境如图 3-18 所示。

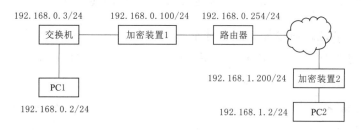

图 3-18　借用地址示例环境

示例环境中，交换机地址 192.168.0.3/24，路由器地址 192.168.0.254/24，PC1、PC2 分别位于 192.168.0.2、192.168.1.2 网络中。以加密装置 2 为例，配置如下：

（1）借用地址环境—网络配置如图 3-19 所示，打开网络配置，定义 eth1、eth2 的接口属性，配置好相应的接口地址。

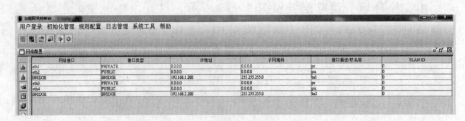

图 3-19　借用地址环境—网络配置

（2）借用地址环境—路由配置如图 3-20 所示，打开路由配置，定义路由名称、网络接口、VLAN ID、目的网络，网关地址等。

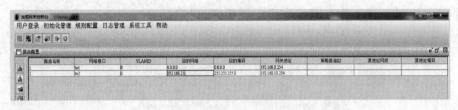

图 3-20　借用地址环境—路由配置

（3）借用地址环境—隧道配置如图 3-21 所示，打开隧道配置，填写隧道本端及对端地址，添加对端装置证书。

图 3-21　借用地址环境—隧道配置

此处隧道本端地址应借用交换机地址 192.168.1.200，与外网通信。

（4）借用地址环境—ARP 绑定配置如图 3-22 所示，打开 ARP 绑定配置，配置交换机、路由器的 IP 地址以及对应的 MAC 地址。

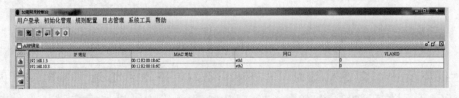

图 3-22　借用地址环境—ARP 绑定配置

由于借用地址环境下，装置不能主动获得路由器和交换机的 MAC 地址，所以需要将路由器和交换机的 MAC 地址和各自的 IP 地址进行绑定。

（5）借用地址环境—网口 MAC 配置如图 3-23 所示，打开网口 MAC 配置，完成 MAC 地址与装置接口绑定。

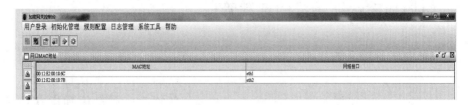

图 3-23　借用地址环境—网口 MAC 配置

此处需要将内网交换机的 MAC 地址绑定到装置的外网口上，将外网路由器的 MAC 地址绑定到装置的内网口上，使外网路由器将装置认作交换机，使内网交换机将装置认作路由器，达到借用地址的目的。

3.1.6.4　双机热备环境

双机热备实例环境如图 3-24 所示，加密装置 1 和加密装置 2 的地址为 192.168.100.2/28，加密装置 1 与加密装置 2 通过心跳口相互连接。

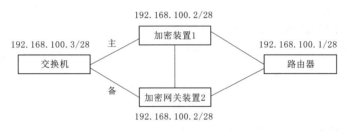

图 3-24　双机热备实例环境

PC1 与 PC2 需要传输密文数据，并实现加密装置 1 和加密装置 2 任意一台故障时不影响数据传输。加密装置配置如下：打开网络配置；定义 eth1、eth2、eth3 的接口属性；配置好相应的接口地址。双机热备环境—网络配置如图 3-25 所示。

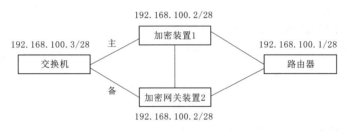

图 3-25　双机热备环境—网络配置

此处除了桥接地址配置为分配的 IP 地址外，还需要配置 eth3 接口为心跳口，IP

地址和子网掩码配置成 0.0.0.0。

3.1.7　纵向加密认证装置的远程管理

加密认证装置管理系统部署在各级调度中心，直接管理各级调度中心，及所属厂站的纵向加密认证装置，实现对所辖多厂商纵向加密认证装置进行统一管理的目标，加密装置远程管控结构示意图如图 3－26 所示。目前的纵向加密认证装置远程管控功能整合在网络安全管理平台之中。

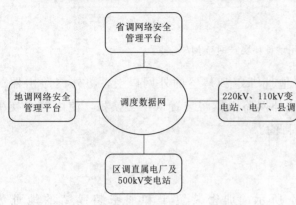

图 3－26　加密装置远程管控结构示意图

通过远程管理，可以实现查询纵向加密认证装置状态、设置隧道工作模式、查询已设置隧道及状态、添加删除隧道、证书替换、安全策略的增删改查、重启装置、查询日志等功能。

安全远程管理过程中，通信密钥用装置公钥证书加密，管理报文用通信密钥加密，再用管理中心的私钥签名。

3.2　变电站典型部署环境

3.2.1　南瑞纵向加密认证装置硬件及接口

南瑞纵向加密认证装置分为百兆型与千兆型，其中百兆型又分为Ⅲ型、Ⅳ型和微型，主要型号有 Netkeeper－2000_MBL550 纵向加密认证装置（千兆型）、Netkeeper－2000FE 纵向加密认证装置（千兆型）、NetKeeper－2000 纵向加密认证装置（百兆增强型）以及 NetKeeper－2000 纵向加密认证装置（百兆低端型）。千兆型 Netkeeper－2000 纵向加密认证装置定位于网省调等要求具备千兆网络环境接入的节点；百兆型 NetKeeper－2000 纵向加密认证装置定位于电厂、800kV 以上变电站、500kV 变电站、220kV 变电站、110kV 变电站等具备百兆网络环境接入的节点。NetKeeper－2000FE 纵向加密认证装置（千兆型）如图 3－27 所示。

以 NetKeeper－2000FE 为例，电力专用纵向加密认证装置前面板硬件接口见表 3－3。

图 3-27　NetKeeper-2000FE 纵向加密认证装置（千兆型）

表 3-3　　　　　　　　　电力专用纵向加密认证装置前面板硬件接口

	标　识	说明描述	备　注
状态	POWER	双电源指示灯	红灯亮表示电源模块工作正常
	ENCSTA/ENCACT	加密指示灯	加/解密时绿灯闪，非加/解密时常亮
	ALARM	告警指示灯	报警灯亮并伴有声音告警
光口内网	SPF1	光纤业务口	LNK，ACT 灯亮起（只有千兆设备才有）
光口外网	SPF2	光纤业务口	LNK，ACT 灯亮起（只有千兆设备才有）
USB 口	USB	Ukey 验证登录使用	
配置网口	mgmt	配置网口	
管理串口	Console	控制台	
内网网口	Eth1	内网侧网口	
外网网口	Eth2	外网侧网口	
内网网口	Eth3	内网侧网口	
外网网口	Eth4	外网侧网口	

加密网关的背面板图设计有双电源，如图 3-28 所示。电力专用纵向加密认证装置中有一个主电源供电，另一个辅助电源备份，这种设计可以有效地提高电源工

图 3-28　加密网关背面板图

作的可靠性及延长整个系统的平均无故障工作时间。

3.2.2　南瑞纵向加密认证装置管理软件

1. 管理软件的安装及使用

安装管理软件之前，配置计算机必须要有 java 运行环境支持，安装好 java 后，运行安装程序完成管理软件的安装。

加密认证装置配置接口的 IP 地址是 11.22.33.44，掩码为 255.255.255.0。电脑本地网络配置如图 3-29 所示，将调试用的计算机 IP 地址设置为 11.22.33.43，掩码为 255.255.255.0，用网络配置线连接到加密认证装置的配置接口 mgmt 网口，并将 Ukey（IC 卡）插入加密认证装置前面板的 USB 接口。

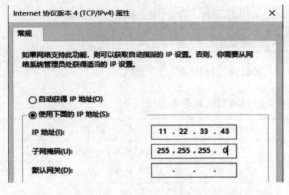

图 3-29　电脑本地网络配置

2. 管理软件的界面

南瑞加密认证装置的配置软件总体分为用户登录、初始化管理、规则配置、日志管理、系统工具、帮助等六个工具栏。

（1）用户登录：将调试计算机通过配置口连接装置，点击用户登录输入 PIN 码，登录成功后配置相关的图标和文字由灰色不可用变黑色可用。新版南瑞加密装置管理软件更新了三权分立的功能，系统管理员（admin）、安全管理员（secure）、审计管理员（audit），三者拥有不同权限，使用管理软件的不同功能来完成整个设备的配置过程。南瑞加密装置配置软件初始界面如图 3-30 所示。

图 3-30　南瑞加密装置配置软件初始界面

（2）初始化管理功能包括：初始化网关、证书管理、硬件测试、修改 PIN 码。

（3）规则配置功能包括：初次配置向导、远程配置、网络配置、路由配置、隧道配置、策略配置、桥接配置、Nat 模式、借地址模式、ARP 绑定、透传配置。

（4）日志管理功能包括：日志审计。

（5）系统工具包括：规则包导出、规则包导入、重启网关、隧道管理、链路管理、系统诊断、系统升级、系统状态、系统时间设置。

（6）主配置界面左侧的编辑功能按钮功能描述如下：

　：打开配置或新建配置文件。

　：保存并上传配置信息至装置。

　：下载装置配置信息至本地。

　：另存配置（将配置信息保存至本地）。

　：建立新的配置信息。

　：删除选择的配置信息。

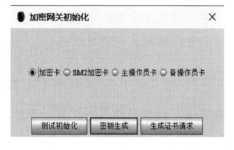 ：将当前行的资源复制。

 ：增加新的一行，内容为之前复制的资源。

：对当前选择的资源进行编辑。

3.2.3 南瑞纵向加密认证装置配置管理

1. 系统初始化

加密认证装置投入使用前，需要对设备进行初始化操作，初始化操作在系统管理员（admin）账号下完成，内容包括生成加密认证装置的 RSA 和 SM2 私钥、导出加密认证装置的 RSA 和 SM2 设备证书请求文件、生成及导入加密认证装置的主备操作员证书、导入装置管理系统证书、导入与加密认证装置需要建立隧道的对端加密认证装置证书。其中：

（1）加密认证装置主备操作员证书由调度数字证书系统签发，通过管理软件导入存储在加密认证装置的安全存储区中，南瑞纵向加密认证装置不需要导入自己的 RSA 和 SM2 算法设备证书。

（2）密钥生成及证书请求文件导出。在初始化管理中选择初始化网关，点击生成操作员卡和加密卡密钥。点击"生成证书请求"，生成加密卡、SM2 加密卡和操作员证书请求后，将证书请求交给当地调度人员通过调度数字证书系统签发，密钥及证书请求生成示意图如图 3-31、图 3-32 所示。注意：南瑞信通纵向加密认证装置的初始化网关功能中的加密卡选项代表设备的 RSA 算法，SM2 加密卡代表设备的 SM2 算法。

图 3-31　密钥生成示意图

图 3-32　证书请求生成示意图

主体名称：加密网关的唯一标识，建议采用装置所在厂站名称（注意要使用英文字母）。

组织名：国调 GDD（默认），南网 ZD。

所在地名称：厂站所在地名称。

国家：CN（默认）。

单位代码：签发单位名称。

E-Mail：该字段为扩展字段可以不填写。

2. 证书导入

先导入调度 CA 的根证书。根证书是信任链建立的基础，本步骤是后续对其他实体证书进行验证的前提，点击"初始化管理""证书管理"，将由主界面转到证书管理界面，如图 3-33 所示。点击左侧上传证书按钮 📇，系统会弹出上传证书界面，选择证书路径，并选择证书类型为"一级 CA 证书"并导入，系统会提示验证成功与否，一般情况下一级 CA 证书为国网根证书或南网根证书。

	证书名	证书类型	描述
📇	cert_files/1265.cer	5	加密网关证书
📇	cert_files/zj-dms.cer	4	装置管理系统证书
📇	cert_files/zhejiangroot.cer	1	二级CA证书
🗑	cert_files/CA.pem	0	一级CA证书
🗑	cert_files/CAcert.pem	0	test
📇	cert_files/dms.pem	4	test
	cert_files/f21.pem	5	test

图 3-33　证书请求导入操作图示

上传证书的顺序是：一级 CA 证书→二级 CA 证书→主备操作员证书→装置管理系统证书→加密网关证书。

一级 CA 证书：国网调根证书。

二级 CA 证书：省调根证书。

主备操作员证书：加密认证装置本地管理的证书（完成此步骤即初始化完成）。

装置管理系统证书：调度端加密认证装置管理中心或管理平台的证书。

加密网关证书：和自身装置建立隧道时需要用的对端加密认证装置证书。

3. 规则配置

证书导入完成后即可根据网络拓扑和业务连接情况，进行具体规则配置，规则配置在安全管理员（secure）账号下完成，所有配置项都是点击左侧功能栏中的 🗔 🖾 按钮进行新建或者编辑。一般常规调试流程如下所示：

（1）规则配置→桥接配置。桥接工作模式的作用相当于一个局域网交换机，可以实现将装置的某几个网卡虚拟成一个网卡和外界通信，用户可以将虚拟网卡当成具体的网卡来使用，可以在隧道配置中设置相应的规则，以虚拟网卡地址和对端的加密网关协商从而实现多入多出的通信，桥接模式网络结构如图 3-34 所示。

通常配置是将装置的网口 eth1 及
eth2 虚拟成为一个网卡，桥接配置页
面如图 3-35 所示。点击确认保存之
后，虚拟网卡的名字即可在以后的配
置中使用。例如在配置网络信息时可

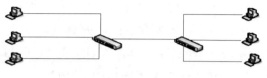

图 3-34　桥接模式网络结构

以为虚拟网卡设置相应的网络地址信息。在网络配置界面中将网络接口设成 BRIDGE
类型，接口描述为虚拟网卡的名称。

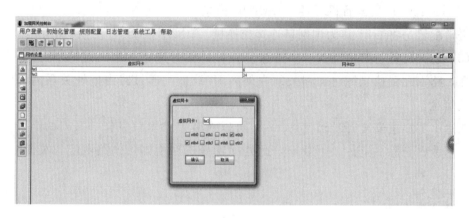

图 3-35　桥接配置页面

（2）规则配置→网络配置。加密认证装置有 4 个以太网接口可以作为通信网口，
其中任意网口都可以设置成内网口或者外网口，建议使用 eth1 为内网，eth2 为外网。
在实际的配置中，需要对加密认证装置的网络接口配置 IP 地址以便和内外网进行通
信，内外网 IP 地址可以为相同网段，也可以为不同网段。在网络信息配置界面中可
以对装置网络信息作一系列的配置，如增加、修改、删除、上传、下载等。网络配置
页面如图 3-36 所示。

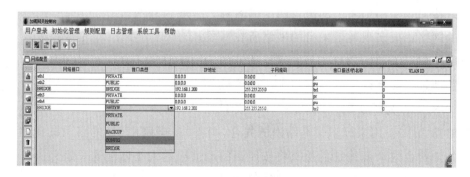

图 3-36　网络配置页面

对图 3-36 网络配置页面的说明如下：

网络接口：所要配置网口的名称，例如 eth1、eth2 等。

接口类型：所要配置网口的类型，分别有 PRIVATE（内网口）、PUBLIC（外网口）、BACKUP（互备口）、CONFIG（配置口）、BRIDGE（桥接口）。

IP 地址：所要配置网口的 IP 地址。

子网掩码：所要配置网口的掩码。

接口描述：所要配置网口的相关描述信息，若是桥接模式的话这里必须与桥接配置的接口自定义名称完全一致，其他模式下无意义。

VLAN ID：所要配置网口的 VLAN ID 信息。

通常配置是将 eth1 作为内网口连接交换机、eth2 作为外网口连接路由器。

（3）规则配置→路由配置。加密认证装置需要对加密和解密过的 IP 报文进行路由选择，路由配置信息针对加网关的内外网 IP 地址，通过路由地址关联内外网的网络地址信息。

在这个界面中安全管理员（secure）可以对装置路由信息作一系列的配置，例如增加、修改、删除、上传、下载等，此处配置静态路由即可。路由配置页面如图 3-37 所示。

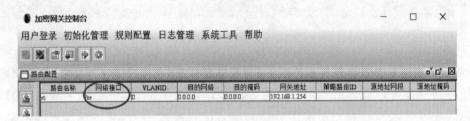

图 3-37　路由配置页面

对图 3-37 网络配置页面的说明如下：

路由名称：路由信息的名称描述。

网络接口：要用到路由的出口网卡的名称，一般为外网口。

目的网络：要实现通信的目的网络所在网段。

目的掩码：为路由信息的目的网络地址的子网掩码。

网关地址：加密网关的外网口下一跳地址。

VLAN ID：为所要配置网口的 VLAN ID 信息。

策略路由 ID：用来标识策略路由的集合，相同策略路由 ID 的路由的源地址一般是一样的，符合这个源地址的报文将按照目的地址段的大小匹配这一组路由。

源地址网段：为策略路由的源地址的网段。

源地址掩码：为策略路由的源地址的子网掩码。

注意，策略路由ID、源地址网段和源地址掩码这三项只在需要根据源地址路由的环境中配置，其他环境置空即可。图3-37所示为默认路由，实际生产中会要求用明细路由。

（4）规则配置→远程配置。远程配置主要配置加密认证装置的远程管理和远程日志信息，包括以下内容：

1）加密网关名称：装置的名称，便于远程标识装置的基本信息，请避免使用中文。

2）加密网关地址：加密网关的外网地址或者外网卡上用于被管理或审计的地址。

3）远程地址：远程的装置管理系统、日志审计系统或者远程调试计算机的网络地址。

4）系统类型：可分为装置管理、日志审计、远程调试三种类型。

5）证书：在系统类型配置为装置管理时必须配置相应的装置管理中心的证书名称。

在这个界面中可以对装置系统信息作一系列操作，例如增加、修改、删除、上传、下载等。

例如，加密认证装置ip：192.168.1.1，进行配置使其能被调度主站网络安全管理平台（ip：192.168.2.1）管控及进行日志审计，远程配置页面如图3-38所示。

图3-38 远程配置页面

（5）规则配置→隧道配置。隧道为加密认证装置之间协商的安全传输通道，隧道成功协商之后会生成通信密钥，进入该隧道通信的数据由通信密钥进行加密。隧道可以设置隧道周期和隧道容量，隧道的通信时间达到指定传输周期或者数据通信量达到指定容量后，加密网关之间会重新进行隧道密钥协商，保证数据通信安全。隧道配置页面如图3-39所示。

对图3-39配置页面的说明如下：

隧道名称：隧道的相关描述（不可以为中文）。

隧道ID：隧道的标识，关联隧道的所有信息。

隧道模式：隧道模式分为加密、明通两类。在明通模式下，隧道两端的装置不进行密钥协商，隧道中的所有数据只能通过明文方式（但可以对数据包进行安全过滤与检查，即只有配置了相关的通信策略的数据传输才能通过装置，否则装置会将不合法

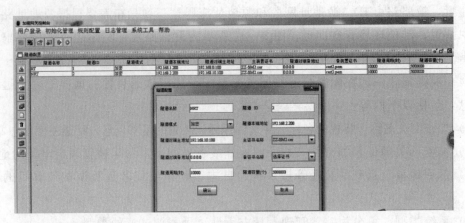

图 3-39　隧道配置页面

的报文全部丢弃）进行传输；在加密模式下，隧道中的数据报文会根据协商好的密钥将相关通信策略的数据报文进行封装和加密，保证数据传输的安全性。

隧道本端地址：为本端加密认证装置的地址，即本侧加密网关的外网虚拟 IP 地址。

隧道对端主地址：为对端隧道的主地址，即对端加密网关（主机）的外网虚拟 IP 地址。

主装置证书名称：对端主隧道的证书名称。对端加密网关的主设备证书名称需与初始化导入的对端加密网关证书名称一致。

隧道对端备地址：为对端隧道的备用地址，即对端加密网关（备机）的外网虚拟 IP 地址。如果对端无备用装置，则隧道备地址为 0.0.0.0。

备装置证书：对端备隧道的证书名称。对端加密网关的备设备证书名称需与初始化导入的对端备加密网关证书名称一致。

隧道周期：隧道密钥的存活周期（以小时为基本计量单位）。超过设定的存活周期，装置会自动重新协商密钥。

隧道容量：为隧道内可加解密报文总字节数的最大值，在隧道内加解密报文的总字节数一旦超过此值，隧道密钥立刻失效，装置会自动重新协商密钥。

（6）规则配置→策略配置。加密通信策略用于实现具体通信策略和加密隧道的关联以及数据报文的综合过滤，加密认证装置具有双向报文过滤功能，与加密机制分离，独立工作，在实施加密之前进行。过滤策略支持以下控制：

1）源 IP 地址（范围）控制。

2）目的 IP 地址（范围）控制。

3）源 IP（范围）＋目的 IP 地址（范围）控制。

4）协议控制；TCP、UDP 协议＋端口（范围）控制。

5）源 IP 地址（范围）＋TCP、UDP 协议＋端口（范围）控制。

6）目标 IP 地址（范围）＋TCP、UDP 协议＋端口（范围）控制。

注意：如果对端加密认证装置存在备机，应该配置两条相同的策略，只是关联的隧道 ID 不同。

例如，在厂站端加密认证装置上配置远动机业务（ip：192.168.1.2）与调度主站前置机（ip：192.168.2.8）通信，策略配置页面如图 3－40 所示。

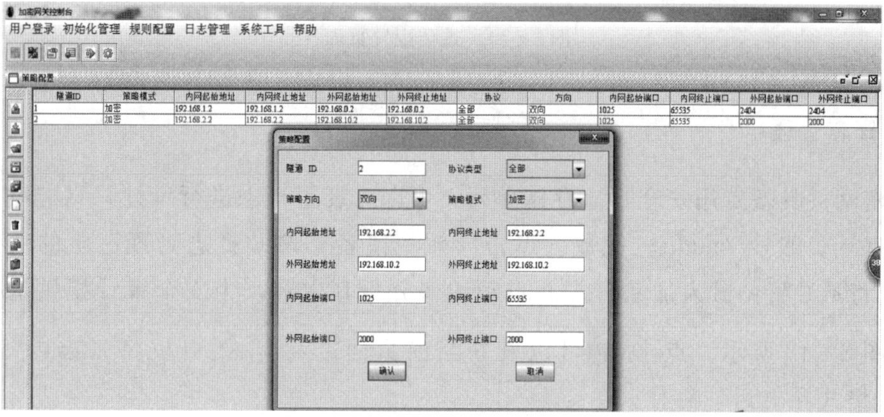

图 3－40　策略配置页面

对图 3－40 配置页面的说明如下：

隧道 ID：为隧道配置中设定的隧道 ID 信息。通过此信息，可以将策略关联到具体的隧道，以便使用对应隧道的密钥对需要过滤的报文进行加解密处理。

工作模式：工作模式分为明通、加密或者选择性保护。

内网起始地址和内网终止地址：本端通信网段的起始和终止地址，如果为单一通信节点，则源起始地址和源目的地址设置为相同。

外网起始地址和外网终止地址：对端通信网段的起始和终止地址，如果为单一通信节点，则目的起始地址和目的终止地址设置为相同。如果对端网关启用地址转化功能，则目的地址为对端网关的外网虚拟 IP 地址。

协议：支持 TCP、UDP、ICMP 等通信协议。

策略方向：此配置字段可以控制数据通信的流向，分为内外、外内和双向。

内网起始端口和内网终止端口：通信端口配置范围在 0～65535 之间。

外网起始端口和外网终止端口：通信端口配置范围在 0～65535 之间。对于通信进程的服务端，起始和终止端口可配置为相同。

（7）规则配置→透传配置。透传协议配置是为了配置装置在某些情况下可以不处理特定的报文，直接转发。

界面中有源 IP、目的 IP、协议号、进网口和出网口的 Vlan ID 等配置项。源 IP

和目的 IP 可以写具体地址，或者 0.0.0.0 表示不限制地址，进网口和出网口标识了报文的方向 Vlan ID 可限制具体的 Vlan 的透传。例：带有 Vlan ID 100 的报文从网口出去或进来都不做任何处理直接转发，透传配置页面如图 3-41 所示。

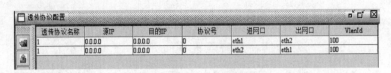

图 3-41 透传配置页面

4. 日志管理

加密网关具备专用安全日志存储单元，可以对装置日志进行审计，日志审计功能由日志审计员账号（audit）完成。点击导航栏或者菜单"日志管理"中的"日志审计"，则将从装置中载入加密日志并自动解密分析其内容，为安全审计提供基础数据源，如图 3-42 所示。点击 可以刷新当前页面，点击  可以将日志以 TXT 或 EXCEL 格式导出到电脑上。

图 3-42 日志管理页面

5. 系统工具

系统管理员（admin）还可以利用系统工具辅助装置配置与调试。系统工具中可以进行隧道管理、链路管理、sping 测试等功能。还可以实现导出装置配置文件，导入预先准备好的配置等功能。

74

（1）隧道管理。隧道管理页面如图 3-43 所示。

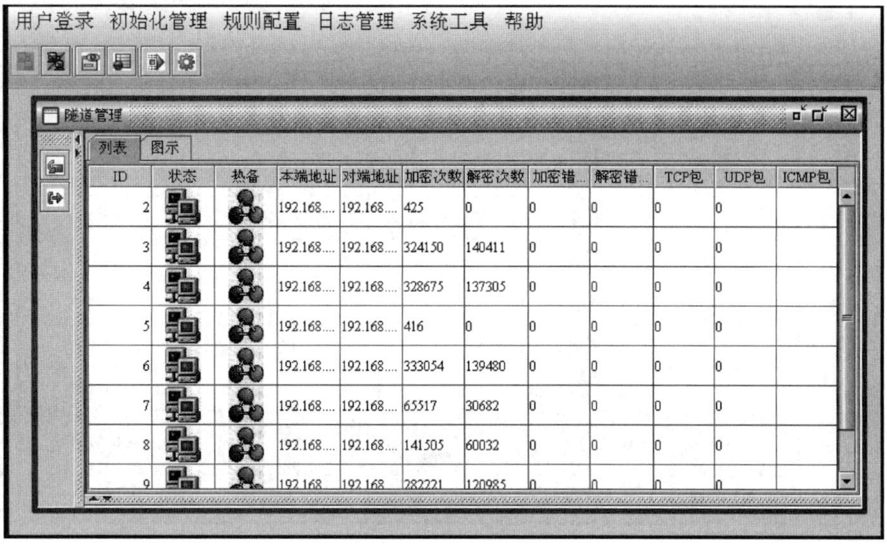

图 3-43　隧道管理页面

加密网关配置管理软件可以实时浏览装置的隧道信息，点击左侧的刷新 按钮、可以查看到隧道最新状态。随道信息可以按照列表和图标两种显示方式方便用户审阅。选中某个隧道后可以通过重置 按钮，对隧道重置，令其重新进行会话密钥协商。

ID：隧道的 ID 信息。

状态：隧道正常，隧道异常。

（2）链路管理。加密网关配置管理软件可以实时显示装置链路信息、链路的状态和链路的统计信息。用户只需点击左侧的更新 按钮就可以实时查询，链路管理页面如图 3-44 所示。

ID：按照顺序标记链路的记数。

协议：链路的协议，目前只支持 TCP、UDP、ICMP 三种。

状态：链路状态正常，链路状态异常，其中异常主要针对 TCP 协议，一旦出现三步握手没有成功则显示链路异常。

源地址和源端口：装置所在内网侧应用信息。

目的地址和目的端口：装置所在外网侧应用信息。

统计信息：IN 为内向外报文个数，OUT 为外向内报文个数。

（3）Sping 测试。Sping 测试用于确认和对端加密网关的联通情况，在 Sping 测试界面中输入对端加密网关的 IP 地址、测试次数和时间，点击"开始"，加密网关自动探测对端装置并返回测试结果。

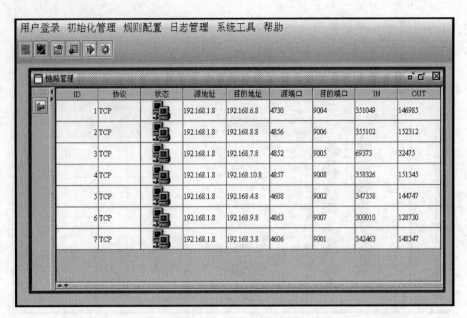

图 3-44　链路管理页面

例如，对端加密认证装置地址为 192.168.2.253，进行 sping 测试，其系统诊断页面如图 3-45 所示。

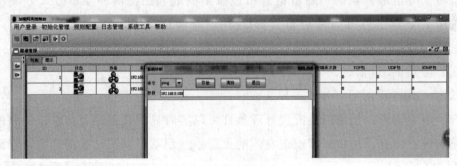

图 3-45　系统诊断页面

3.3　典型案例

3.3.1　案例一：纵向装置策略配置错误导致 EMS 正常业务访问被拦截

1. 告警信息

某地调主站二平面实时纵向加密认证装置发出告警：不符合安全策略的访问，*.*.0.12 的 1024 端口访问 *.*.6.161 的 2404 端口。

2. 原因分析

源地址 ∗.∗.0.12 为主站系统前置机地址,目的地址 ∗.∗.6.161 为变电站远动机地址。源端口为 1024,目的端口 2404 为正常的业务访问端口。通过检查主站端纵向加密认证装置的访问控制策略,发现配置的源端口为 1025～65535,而主站系统正常业务访问的源随机端口范围为 1024～65535。因在纵向装置中的策略漏填 1024 端口,导致当源端口随机为 1024 时,被纵向加密认证装置拦截产生告警。

3. 解决方案

将主站端纵向装置中访问控制策略的源端口范围改为 1024～65535,确保策略参数配置正确。

3.3.2 案例二:纵向装置报"证书不存在"告警

1. 告警信息

某变电站实时纵向加密认证装置发出告警:隧道建立错误,本地隧道 ∗.∗.81.124 与远端隧道 ∗.∗.11.32 的证书不存在。

2. 原因分析

隧道本端地址 ∗.∗.81.124 为该变电站实时纵向加密认证装置的地址,远端隧道 ∗.∗.11.32 为地调主站侧实时纵向加密认证装置的地址。远端配置了本端证书及隧道,并发起隧道协商报文,本端纵向加密认证装置收到了远端纵向加密认证装置的隧道协商报文,但由于本端没有导入对端装置的证书,导致本端纵向装置发出"证书不存在"告警。

3. 解决方案

检查证书配置,确保已经导入正确的对端装置证书。

3.3.3 案例三:纵向装置报"隧道没有配置"告警

1. 告警信息

某变电站实时纵向加密认证装置发出告警:"隧道建立错误,本地隧道 ∗.∗.68.28 与远端隧道 ∗.∗.177.123 的隧道没有配置。"

2. 原因分析

本端隧道 ∗.∗.68.28 为该变电站实时纵向加密认证装置的地址，远端隧道 ∗.∗. 177.123 为地调主站侧实时纵向加密认证装置的地址。∗.∗.68.28 的纵向加密认证装置收到了 ∗.∗.177.123 纵向加密认证装置的隧道协商报文，而本端隧道没有配置到对端的隧道或者配置对端隧道地址错误，导致本端纵向加密认证装置发出"隧道没有配置"告警。

3. 解决方案

（1）检查隧道配置，确保装置配置了到对端的隧道。
（2）检查隧道配置，确保隧道下的本地地址以及远程地址配置正确。

3.3.4　案例四：纵向装置报"验证签名错误"告警

1. 告警信息

某变电站实时纵向加密认证装置发出告警："隧道建立错误，本地隧道 ∗.∗. 12.201 与远端隧道 ∗.∗.241.124 验证签名错误。"

2. 原因分析

本端隧道 ∗.∗.12.201 为该变电站实时纵向加密认证装置的地址，远端隧道 ∗.∗. 241.124 为地调主站侧实时纵向加密认证装置的地址。本端 ∗.∗.12.201 的纵向加密认证装置收到了对端 ∗.∗.241.124 纵向加密认证装置的隧道协商报文，本端隧道导入了错误的对端纵向加密认证装置证书，导致本端纵向加密认证装置发出"验证签名错误"告警。

3. 解决方案

在发出告警信息的纵向加密认证装置上，导入正确的远端隧道证书，确保隧道正确协商。

3.3.5　案例五：纵向装置报"私钥解密错误"告警

1. 告警信息

某变电站实时纵向加密认证装置发出告警："隧道建立错误，本地隧道 ∗.∗.

105.252 与远端隧道 ∗.∗.12.240 私钥解密错误。"

2. 原因分析

本端隧道 ∗.∗.105.252 为该变电站实时纵向加密认证装置的地址，远端隧道 ∗.∗.12.240 为地调主站侧实时纵向加密认证装置的地址。本端 ∗.∗.105.252 的纵向加密认证装置收到了对端 ∗.∗.12.240 纵向加密认证装置的隧道协商报文，由于对端纵向加密认证装置使用了错误的本端纵向装置的证书进行加密处理，本端装置无法用私钥解密，导致本端纵向加密认证装置发出"私钥解密错误"告警。

3. 解决方案

在对端纵向加密认证装置上导入正确的本端纵向加密认证装置证书。

3.3.6 案例六：纵向装置策略漏配导致日志报文被拦截

1. 告警信息

某地调主站第二接入网实时纵向加密认证装置发出告警："不符合安全策略的访问，∗.∗.21.189 访问 ∗.∗.0.3 的 514 端口。"

2. 原因分析

源地址 ∗.∗.21.189 为下辖变电站地调第二接入网纵向加密认证装置地址，目的地址 ∗.∗.0.3 为地调主站内网安全监视平台采集服务器地址，514 端口为纵向加密认证装置日志上传的端口。因现场调试人员完成纵向加密认证装置调试后，未及时告知主站维护人员在主站纵向加密认证装置中配置该站的日志上传策略，导致日志报文被纵向装置拦截产生告警。

3. 解决方案

在主站纵向加密认证装置上添加一条源地址为 ∗.∗.21.189、端口 1024～65535，目的地址为 ∗.∗.0.3、端口 514 的访问控制策略。

3.3.7 案例七：纵向装置内外网口网线反接导致正常业务访问被拦截

1. 告警信息

某变电站第二接入网实时纵向加密认证装置发出告警："不符合安全策略的访问，

＊.＊.196.195 访问 ＊.＊.5.81 的 2404 端口。"

2. 原因分析

源地址 ＊.＊.196.195 为主站前置机地址，目的地址 ＊.＊.5.81 为厂站远动机地址，目的端口 2404 为正常的业务访问端口。核查现场纵向加密认证装置，确认装置与主站 ＊.＊.196.195 对应的隧道建立正常，安全策略均配置规范，但是隧道无加密次数。检查现场网线，发现纵向加密认证装置内外网口反接（内网口连接至路由器，外网口连接至交换机），导致内外网口数据包进、出纵向装置的流向相反，被纵向加密拦截产生告警。

3. 解决方案

重新连接现场纵向加密认证装置的网线，将内网口连接至交换机、外网口连接至路由器。

习　题

1. 单选题

（1）以下哪项是需要通过电力专用纵向加密认证装置以协商方式来确定的（　　）。

A. 对称加密算法　　　　B. 加密工作模式　　　C. 通信协议　　　　D. 会话密钥

（2）电力专用纵向加密认证装置在（　　）情况下，需要通过管理工具进行 802.1Q 的相关设置。

A. 业务数据为 TCP 时　　　　　　　　B. 业务数据为 UDP 时

C. 交换机取用 VLAN TRUNK 功能时

（3）电力专用纵向加密认证装置管理中心通过（　　）确定电力专用纵向加密认证装置是否在线。

A. SPING　　　　　B. PING　　　　　C. SSH　　　　　D. TELNET

（4）电力监控系统网络安全管理平台中电力专用纵向加密认证装置的告警日志中不包含（　　）信息。

A. 地点　　　　　B. 类型　　　　　C. 日期　　　　　D. 事件描述

（5）如果需要在业务前置机 ping 纵向边界的路由网关地址，需要在电力监控系统网络安全管理平台中电力专用纵向加密认证装置中进行（　　）配置。

A. 策略　　　　　B. 隧道　　　　　C. 告警　　　　　D. 管理中心

（6）电力专用纵向加密认证装置通常采用的告警报文端口号是（　　）。

A. 22 B. 50 C. 514 D. 21

（7）电力专用加密算法是（　　）算法。

A. 对称 B. 非对称 C. 哈希 D. 压缩

（8）以下哪类协议不属于电力专用纵向加密认证装置报文过滤的类型。（　　）

A. TCP B. UDP C. ICMP D. ARP

（9）电力专用纵向加密认证装置的设备证书文件后缀为（　　）时，可以在 Windows 电脑上双击鼠标阅读证书相关信息。

A. cer B. csr C. docx D. txt

（10）电力专用纵向加密认证装置对通信数据进行加密时，使用（　　）密钥。

A. 设备非对称 B. 操作员非对称

C. 会话对称 D. 对端设备非对称

（11）下列哪类产品在网络环境中至少需要两台才能发挥其主要的安全防护功能？
（　　）

A. 正向安全隔离装置 B. 反向安全隔离装置

C. 纵向加密认证装置 D. 防火墙

（12）电力专用纵向加密认证装置之间协商后的传输通道通常称为（　　）。

A. 密道 B. 隧道 C. 加密通道 D. 信通

（13）电力专用纵向加密认证装置支持（　　）算法的公钥证书。

A. SSF09 B. DSA C. SM2 D. AES256

（14）电力专用纵向加密认证装置通常部署在（　　）与数据网路由器之间，为网关机之间的广域网通信提供数据机密性、完整性保护。

A. 接入交换机 B. 数据网路由器

C. 网关机 D. 物理隔离器

（15）以下关于电力监控系统内网安全监视平台中电力专用纵向加密认证装置策略配置描述不正确的是（　　）。

A. 策略配置需要选择相应的隧道

B. 策略配置需要能够正确匹配业务数据报文

C. 策略配置可以通过业务流量自动生成

D. 策略配置需要人为确定添加

（16）电力专用纵向加密认证装置采用（　　）完成会话密钥的自动协商和交换。

A. 对称加密 B. 非对称加密 C. 哈希加密 D. 压缩加密

（17）电力专用纵向加密认证装置配置了一条"源 IP 地址及端口【192.168.1.1 - 192.168.1.254，1024 - 2000】，目的 IP 地址及端口【192.168.2.1 - 192.168.2.254，

1024-2000】，TCP 协议，加密"的策略。以下哪条报文可以通过电力专用纵向加密认证装置从局域网侧到广域网侧？（　　）

A. 源 192.168.1.1：2000，目的 192.168.2.1：1024，TCP 协议

B. 源 192.168.1.1：2000，目的 192.168.2.1：1024，UDP 协议

C. 源 192.168.2.1：2000，目的 192.168.1.1：1024，TCP 协议

D. 都无法通过

2. 多选题

（1）纵向加密认证装置设备运行正常，因某种原因将其手动关闭时，会出现以下何种情况（　　）。

A. 该网络链路一直中断　　　　　　　　　B. 对端策略自动变为明文

C. 本端策略失效　　　　　　　　　　　　D. 相当于旁路处理

（2）纵向加密认证装置是基于（　　）的访问控制。

A. 源地址　　　　　　B. 目的地址　　　　　　C. 端口　　　　　　D. 协议

（3）纵向加密认证装置隧道协商正常，但是密文通信不正常的原因有（　　）。

A. 策略与隧道 ID 不匹配

B. 策略顺序问题，匹配了明文策略导致了密文通信不正常

C. 对端加密认证装置未配置到本端相应的密文策略

D. 导入了错误的对端证书

（4）电力监控系统网络安全管理平台管控功能连接纵向加密认证装置时，提示连接装置失败的可能原因（　　）。

A. 设备导入错误的平台证书　　　　　　　B. 平台导入错误的设备证书

C. 设备配置错误的平台地址　　　　　　　D. 平台配置错误的设备地址

（5）纵向加密认证装置的数字证书生成的步骤有（　　）。

A. 须由电力调度数字证书的签发

B. 由设备本身的密码芯片生成证书请求文件，交给调度证书系统签发并返回

C. 在线生成并，与证书服务器连接实时生效

D. 交由证书系统签发的是公钥文件

（6）电力专用纵向加密认证装置要求具有双向报文过滤功能，过滤规则支持下列哪些控制策略？（　　）

A. 源 IP 地址（范围）控制　　　　　　　B. 目的 IP 地址（范围）控制

C. TCP、UDP 协议　　　　　　　　　　　D. 端口（范围）控制

（7）会话密钥协商是安全通信的第一阶段，其实现以下哪些功能？（　　）

A. 纵向加密认证装置之间的认证

B. 纵向加密认证装置之间的数据通信

C. 纵向机密设备的用户登录

D. 通信加密的会话密钥协商

(8) 电力专用纵向加密认证装置本地应包括（　　　）几类管理功能。

A. 设备配置　　　　　B. 证书管理　　　　　C. 隧道管理　　　　D. 策略管理

(9) 电力专用纵向加密认证装置关于可用性方面具备（　　　）功能。

A. 纵向加密认证装置应支持基于加密隧道自适应学习的方式建立隧道

B. 纵向加密认证装置应支持基于加密隧道的明通功能，根据安全策略，可以对不同的隧道分别设置加密或明通

C. 纵向加密认证装置应支持基于加密隧道自动学习通路上流量信息来建立自身隧道

D. 纵向加密认证装置应支持旁路功能，在紧急故障状态下，可以旁路所有安全功能，作为透明桥接设备工作，必要时允许网线旁路

(10) 电力专用纵向加密认证装置需要配置装置管理中心的（　　　）信息，才能由管理中心正常管理。

A. IP 地址　　　　　　　　　　　　　　B. 证书

C. 权限为管理权限　　　　　　　　　　D. 地点位置

(11) 电力专用纵向加密认证装置支持的非对称算法包括（　　　）。

A. RSA　　　　　B. DSA　　　　　C. SM2　　　　　D. SM3

(12) 主机 A（192.168.1.1）与主机 B（192.168.1.2）的网络相通能够正常通信，从主机 A 到主机 B 依次经过电力专用纵向加密认证装置 C（192.168.1.3）和电力专用纵向加密认证装置 D（192.168.1.4）。装置 C 和装置 D 之间可能捕获到（　　　）。

A. 主机 A 和主机 B 之间符合纵向加密认证装置策略的业务报文

B. 装置 C 和装置 D 之间的 ESP 加密包

C. 装置 C 和装置 D 之间的 ping 报文

D. 装置 C 和装置 D 的隧道协商报文

3. 判断题

(1) 纵向加密认证是电力监控系统安全防护体系的纵向防线。采用认证、加密、访问控制等技术措施实现数据的远方安全传输以及纵向边界的安全防护。（　　　）

(2) 电力专用纵向加密认证装置应采用非 Intel 指令集的处理器。（　　　）

(3) 电力专用纵向加密认证装置应支持基于加密隧道的明通功能，根据安全策略，可以对不同的隧道分别设置密通或明通。（　　　）

（4）电力专用纵向加密认证装置必须能够识别、过滤、转发 Trunk 协议的报文，本地配置功能必须支持设置 Vlan ID。（　　　）

（5）电力专用纵向加密认证装置只支持 SM2 非对称协商密钥算法。（　　　）

（6）电力专用纵向加密认证装置采用国密局规定的 SM1 算法进行通信数据加密。（　　　）

（7）不同厂家之间的电力专用纵向加密认证装置不能进行隧道协商。（　　　）

（8）电力专用纵向加密认证装置日志告警一般采用 UDP 协议 514 端口上告。（　　　）

（9）两台电力专用纵向加密认证装置进行隧道协商时可以一端采用 RSA 算法，另一端采用 SM2 算法。（　　　）

（10）电力专用纵向加密认证装置与管理中心建立连接时不需要管理中心的证书。（　　　）

4. 简答题

（1）电力专用纵向加密认证装置一般用于哪个安全分区，其主要功能是什么？

（2）新建 500kV 变电站，厂站端完成电力专用纵向加密认证装置配置后，请问主站端装置管理中心或网络安全管理平台上需要做哪些步骤才能实现站端与调度中心业务通信？

习 题 答 案

1. 单选题

（1）D　（2）C　（3）A　（4）A　（5）A　（6）C　（7）A　（8）D
（9）A　（10）C　（11）C　（12）B　（13）C　（14）A　（15）C　（16）B
（17）A

2. 多选题

（1）BCD　（2）ABCD　（3）ABC　（4）CD　（5）ABD　（6）ABCD
（7）AD　（8）ABCD　（9）BD　（10）ABC　（11）AC　（12）ABD

3. 判断题

（1）对　（2）对　（3）对　（4）对　（5）错　（6）错　（7）错　（8）对

（9）错　　（10）错

4. 简答题

（1）答案：①纵向加密认证装置用于生产控制大区的广域网边界防护；②纵向加密认证装置为广域网通信提供认证与加密功能，实现数据传输的机密性、完整性保护，同时具有类似防火墙的安全过滤功能。

（2）答案：①导入厂站端加密装置的设备证书：通过更新证书功能，导入厂站加密装置证书；②增加厂站装置节点：在管理中心添加此厂站对应的加密装置节点；③增加隧道：在调度中心加密装置节点上添加一条与该厂站相连的隧道；④配置策略：针对调度中心加密装置节点，在刚添加的这条隧道上添加相应的策略；⑤状态检查：检查隧道协商是否成功，加解密是否正常。

第4章 电力专用横向单向隔离装置

4.1 工作原理

4.1.1 横向隔离装置概述

网络隔离（Network Isolation），主要是指把两个或两个以上可路由的网络（如 TCP/IP）通过不可路由的协议（如 IPX/SPX、NetBEUI 等）进行数据交换而达到隔离目的。由于其原理主要是采用了不同的协议，所以通常也叫协议隔离（Protocol I-solation）。

电力专用横向单向隔离装置是电力监控系统安全防护体系的横向防线，作为生产控制大区与管理信息大区之间的必备边界防护措施，是横向防护的关键设备。电力专用横向单向隔离装置区分正向型和反向型，安装在内外网交换机或路由器之间，正向型用来保障电力系统数据从内网向外网传输过程中的合法性、完整性，反向型用来保障电力系统数据从外网向内网传输过程中的合法性、完整性、机密性。

横向隔离技术原理如图 4-1 所示，没有连接时内外网的应用状况，从连接特征可以看出这样的结构从物理上完全分离。

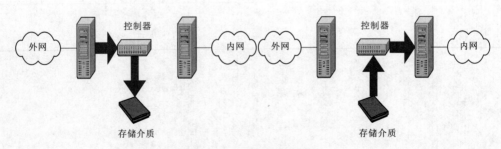

图 4-1 横向隔离技术原理

当外网需要有数据到达内网时，以电子邮件为例，外部的服务器立即发起对隔离设备的非 TCP/IP 协议的数据连接，隔离设备将所有的协议剥离，将原始的数据写入存储介质。

一旦数据完全写入隔离设备的存储介质，隔离设备立即中断与外网的连接。转而发起对内网的非 TCP/IP 协议的数据连接。隔离设备将存储介质内的数据推向内网。内网收到数据后，立即进行 TCP/IP 的封装和应用协议的封装，并交给应用系统。

在控制台收到完整的交换信号之后，隔离设备立即切断隔离设备与内网的直接连接。

每一次数据交换，隔离设备经历了数据的接受、存储和转发三个过程。由于这些规则都是在内存和内核中完成的，因此速度上有保证，可以达到 100％的总线处理能力。物理隔离的一个特征，就是内网与外网永不连接，内网和外网在同一时间最多只有一个同隔离设备建立非 TCP/IP 协议的数据连接。其数据传输机制是存储和转发。物理隔离的好处是明显的，即使外网在处在最坏的情况下，内网也不会有任何破坏，修复外网系统也非常容易。

4.1.2　虚拟 IP 地址在横向隔离中的应用

为了实现处于不同网段的主机之间的相互访问，隔离装置采用了虚拟 IP、静态 NAT 技术。所谓的虚拟 IP，就是在隔离装置中针对内外网的两台主机，虚拟出两个地址，内网主机虚拟出一个外网的 IP 地址，外网的主机虚拟出一个内网的 IP 地址，这样内网主机就可以通过访问外网主机的虚拟 IP 达到访问外网主机的目的，同时外网主机也可以通过访问内网主机的虚拟 IP 达到访问内网主机的目的。有了以上两个虚拟 IP 地址，内外网主机之间的通信被映射为两个部分：内网对内网的通信，外网对外网的通信。内网主机 IP 地址为 192.168.0.39，分配一个与外网主机在同一网段的虚拟 IP 地址 202.102.93.1；外网主机 IP 地址为 202.102.93.54，分配一个与内网主机在同一网段的虚拟 IP 地址 192.168.0.1。当内网主机上的 client 端向外网主机上的 Server 端发起 TCP 连接请求时，报文的源 IP 地址为 192.168.0.39，目的 IP 地址为外网主机的虚拟 IP 地址 192.168.0.1。经过隔离装置的 NAT 转换后，到达外网的报文的源 IP 地址为内网主机的虚拟 IP 地址 202.102.93.1，目的 IP 地址为外网主机的 IP 地址 202.102.93.54。从外网主机到内网主机的 TCP 应答报文源 IP 地址是外网主机的 IP 地址 202.102.93.54，目的 IP 地址是内网主机的虚拟 IP 地址 202.102.93.1。经过隔离装置的 NAT 转换后，到达内网的应答报文的源 IP 地址是外网主机的虚拟 IP 地址 192.168.0.1，目的地址是内网主机的 IP 地址 192.168.0.39。

4.1.3　正向隔离装置原理及应用

电力专用横向单向隔离装置（正向型）是用于高安全区向低安全区进行单向数据

传输的安全防护装置。装置采用电力专用隔离卡，以非网络传输方式实现这两个网络间信息和资源安全传递，防止穿透性 TCP 连接，禁止两个应用网关之间直接建立 TCP 连接，将内外两个应用网关之间的 TCP 连接分解成内外两个应用网关分别到隔离装置内外两个网卡的两个 TCP 虚拟连接。隔离装置内外两个网卡在装置内部是非网络连接，且只允许数据单向传输。可以识别非法请求并阻止超越权限的数据访问和操作，保障电力监控系统的安全稳定运行。实现两个安全区之间的非网络方式的安全的数据交换，并且保证安全隔离装置内外两个处理系统不同时连通。

正向隔离装置具有以下特点：

（1）支持透明工作方式：虚拟主机 IP 地址、隐藏 MAC 地址。

（2）基于 MAC、IP、传输协议、传输端口以及通信方向的综合报文过滤与访问控制。

（3）支持 NAT。

4.1.4　反向隔离装置原理及应用

电力专用横向单向隔离装置（反向型）是用于低安全区向高安全防护区的单向数据传递安全防护装置。装置采用电力专用隔离卡，只传输采用 E 语言文件、带签名的 E 语言文件、纯文本文件，装置对传输文件进行合规检查，实现两个网络的信息和资源安全传递，保障电力监控系统的安全稳定运行。

反向隔离装置特点及与正向隔离装置的区别如下：

（1）具有应用网关功能，实现应用数据的接收与转发。

（2）具有应用数据内容有效性检查功能。

（3）具有基于数字证书的数据签名/解签名功能。

（4）支持透明工作方式：虚拟主机 IP 地址、隐藏 MAC 地址。

（5）基于 MAC、IP、传输协议、传输端口以及通信方向的综合报文过滤与访问控制。

4.2　变电站典型部署环境

4.2.1　南瑞隔离装置部署环境

4.2.1.1　南瑞隔离装置硬件及接口

SysKeeper - 2000 网络安全隔离装置（正向型）前面板图如图 4 - 2 所示。前面板有两排指示灯，上排为内网和外网连接状态指示灯。当网口连接状态正常时，相应的指示灯将会闪烁。下排为内网和外网的网口通信状态指示灯。当网口通信状态正常时，相应的指示灯将会闪烁。前面板还设置了上、下 2 个电源指示灯，表示电源的工作状态。反向隔离装置的前面板与正向隔离装置外观相同，不过内网网口连接状态指示灯方向相反。

图 4-2　SysKeeper-2000 网络安全隔离装置（正向型）前面板图

南瑞横向隔离装置的接线与调试配置主要通过后面板的接口完成，SysKeeper-2000 网络安全隔离装置（正向型）后面板图如图 4-3 所示，正向型与反向型的后面板外观相同。隔离装置设计有双电源，一个电源作为主电源供电，另一个作为辅电源备份，两个电源可以在线无缝切换；内网配置口用来配置正向隔离装置，并监控内网侧的状态信息，外网配置口用来配置反向隔离装置，并监控外网侧的状态信息；内网网口用来连接内网，外网网口用来连接外网。内外网串口用来连接设备内外网后台，便于对设备进行后台维护操作。内外网 USB 口，用来插入安全 USBkey，加强了登录的安全性。

图 4-3　SysKeeper-2000 网络安全隔离装置（正向型）后面板图

4.2.1.2　南瑞横向隔离装置管理软件

1. 管理软件的界面及功能

管理软件的安装与运行同样需要 java 环境的支持，前文加密认证装置管理软件部分已有讲解，此处不再赘述。

南瑞横向隔离装置的配置口 IP 为 11.22.33.44，掩码为 255.255.255.0。将调试用计算机地址设置同一网段，用网络配置线连接到正向隔离装置的配置接口内网 ETH3 口（反向隔离装置的配置接口为外网 ETH3 口）进行管理。隔离装置配置主界面如图 4-4 所示。

南瑞横向隔离装置的配置软件总体分为用户登录、规则配置、日志管理、用户管理、系统工具、帮助六个工具栏。点击登录，输入用户名和密码后即可使用用户所对应权限的功能。

（1）规则配置功能：包括证书管理、策略配置。

（2）日志管理功能：包括日志配置。

（3）用户管理功能：包括修改密码。

图 4-4　隔离装置配置主界面

（4）系统工具：包括规则包导出、规则包导入、重启装置、系统状态、时间设置、登录设置、诊断工具。

隔离装置管理软件的左侧常用操作按钮与纵向加密认证装置的管理软件功能类似，图标相同，包括打开配置、保存配置、上传配置、下载配置、新建资源、删除资源、复制粘贴资源、编辑资源等功能。

2. 隔离装置传输软件

除配置传输软件外，隔离装置正常使用还需要在内外网两侧的主机（须具有 java 环境）上部署传输软件（正向隔离与反向隔离各有一套传输软件），对文件传输规则作进一步的设置。南瑞横向隔离装置的正向隔离传输软件分为发送端和接收端，其界面如图 4-5、图 4-6 所示。

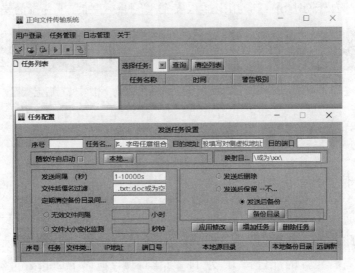

图 4-5　正向隔离传输软件发送端

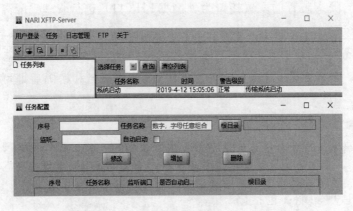

图 4-6　正向隔离传输软件接收端

传输软件由发送端和接收端组成，进行文件传输时需要指定发送文件和接收文件的根目录，发送和接收的文件均放置在传输软件传输任务设置的目录内，并维持原来的目录结构；反向隔离装置的客户端传输到隔离装置的文件是带签名的 E 语言文件，隔离装置负责验签、E 语言检查、纯文本编码转化，然后发送给接收端，接收端对文件进行纯文本编码逆转化并解签名。

4.2.1.3 南瑞横向隔离装置配置管理

1. 规则配置

（1）正向隔离装置配置。点击"规则配置"菜单下的"配置规则"选项，会进入规则配置界面，如图 4-7 所示。

图 4-7 规则配置界面

选中已有规则，点击编辑按钮，或者新建一条规则。编辑资源界面如图 4-8 所示。

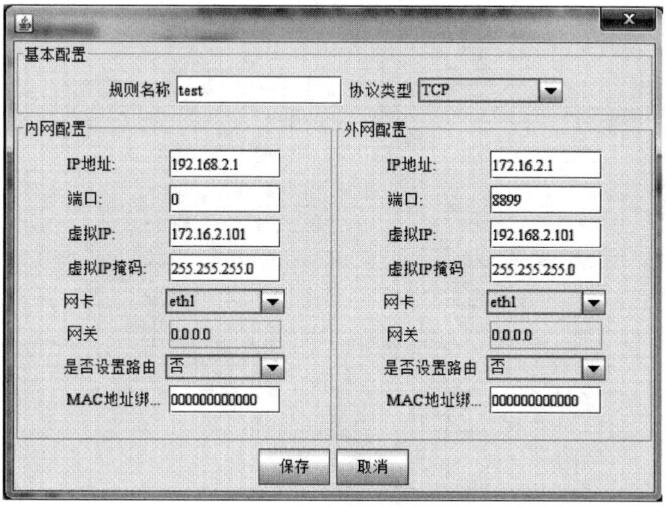

图 4-8 编辑资源界面

基本配置中的协议类型，正向隔离装置支持 TCP、UDP 协议，规则配置界面分为内外配置和外网配置两部分。其中：

1）内网配置：IP 地址设置为高安全区（Ⅰ、Ⅱ区）的主机 IP 地址，端口 0 为任意端口，虚拟 IP 及虚拟 IP 掩码是外网（Ⅲ/Ⅳ区）主机在内网的虚拟地址。若外网配置中的主机 IP 与内网配置中的虚拟 IP 不在同一个网段，则为三层接线方式，需要填写相应的网关地址，即正向隔离装置外网侧的下一跳地址，并在是否设置路由的选择"是"。MAC 地址绑定中，若为二层接线方式，则填写外网 IP 地址对应主机的 MAC 地址。三层接线方式则填写路由网关的 MAC 地址。

2）外网配置：IP 地址设置为低安全区（Ⅲ/Ⅳ区）的主机 IP 地址，端口为具体的目的端口，与传输软件中设置的端口一致。虚拟 IP 及虚拟 IP 掩码是内网（Ⅰ、Ⅱ区）主机在外网的虚拟地址。若内网配置中的主机 IP 与外网配置中的虚拟 IP 不在同一个网段，则为三层接线方式，需要填写相应的网关地址，即正向隔离装置内网侧的下一跳地址，并在是否设置路由的选择"是"。MAC 地址绑定中，若为二层接线方式，则填写内网 IP 地址对应主机的 MAC 地址。三层接线方式则填写路由网关的 MAC 地址。

配置完成后点击确定并上传至装置，重启装置使规则配置生效。

（2）反向隔离装置配置。反向隔离装置的规则配置页面与正向隔离装置类似，区别是协议类型仅 UDP，内外网配置的位置左右调换，但依然是高安全区的接内网，低安全区的接外网，实现数据从低安全区向高安全区的单向纯文本文件传输（采用带签名的 E 语言进行传输，只允许传输采取 E 语言格式书写的文件）。反向隔离装置规则编辑界面如图 4-9 所示。

图 4-9　反向隔离装置规则编辑界面

1）内网配置：IP 地址设置为高安全区（Ⅰ、Ⅱ区）的主机 IP 地址，端口为目的端口，与传输软件中设置的端口一致。虚拟 IP 及虚拟 IP 掩码是外网（Ⅲ/Ⅳ区）主机在内网的虚拟地址。若外网配置中的主机 IP 与内外配置中的虚拟 IP 不在同一个网段，则为三层接线方式，需要填写相应的网关地址，即正向隔离装置外网侧的下一跳地址，并在是否设置路由的选择"是"。MAC 地址绑定中，若为二层接线方式，则填写外网 IP 地址对应主机的 MAC 地址。三层接线方式则填写路由网关的 MAC 地址。

配置完成后点击确定并上传至装置，重启装置使规则配置生效。

2) 外网配置：IP 地址设置为低安全区（Ⅲ/Ⅳ区）的主机 IP 地址，端口为 0 为任意端口。虚拟 IP 及虚拟 IP 掩码是内网（Ⅰ、Ⅱ区）主机在外网的虚拟地址。若内网配置中的主机 IP 与外网配置中的虚拟 IP 不在同一个网段，则为三层接线方式，需要填写相应的网关地址，即正向隔离装置内网侧的下一跳地址，并在是否设置路由的选择"是"。MAC 地址绑定中，若为二层接线方式，则填写内网 IP 地址对应主机的 MAC 地址。三层接线方式则填写路由网关的 MAC 地址。

2. 日志管理

日志管理部分仅提供日志配置功能，即如此设备的系统日志，故障日志等发送至日志服务器，常选用网络安全管理平台的网关机地址。点击"日志配置"，出现日志配置对话框，如图 4 - 10 所示。

设备名称：本装置的名称，建议英文字母，表示哪台设备的日志。

本地 IP：从现有配置规则或新建一条配置规则中选择内网虚拟地址或外网虚拟地址（若日志服务器在内网，则填写外网虚拟地址；若日志服务器在外网，则填写内网虚拟地址）。

图 4 - 10　日志配置界面

远程 IP：日志服务器的 IP 地址。

端口：固定填写 514。

协议：日志发送使用 UDP 协议，故选择 UDP。

3. 用户管理

用户管理部分仅提供修改密码功能，点击"修改密码"，出现修改密码对话框，分别输入原密码、新密码，确认新密码，如图 4 - 11 所示。

4. 系统工具

系统工具下有一系列功能按钮，点击各功能按钮后会弹出相应对话框来实现其

图 4-11 用户管理界面

功能。

（1）"规则包导出"功能可将横向隔离装置的规则配置导出成 txt 文件。

（2）"规则包导入"功能可以打开存储在本地的规则配置 txt 文件，实现一键配置。

（3）"重启装置"，重启装置功能实现装置的软重启，每次导入或修改规则后，均需要重启装置才能生效。

（4）"系统装置"可查看系统运行状态，可查看 CPU 使用率，内存使用率，网络流量。

（5）"时间设置"可修改装置系统时间。

（6）"登录设置"可修改登录超时时间和设备管理地址，系统登录界面如图 4-12 所示。

（7）"诊断工具"实现规则配置后的网络测试功能，输入内网或者外网的主机地址，通过 icmp 协议 ping 测试设备到内网或外网主机的网络连通性，系统诊断界面如图 4-13 所示。

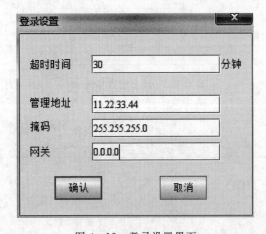

图 4-12　登录设置界面

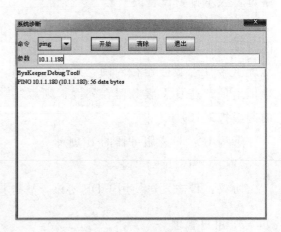

图 4-13　系统诊断界面

4.2.1.4　南瑞横向隔离装置文件传输设置

在对横向隔离装置的规则设置完成并生效后，为实现文件跨区域传输，需要在内网和外网侧主机分别部署传输软件，发送侧部署客户端 Client，接收端部署 Server。

1. 正向隔离传输软件

按照图 4 - 14 进行正向隔离传输软件发送端和接收端配置。

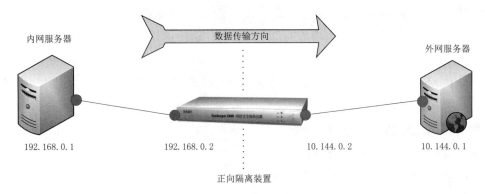

图 4 - 14　正向隔离装置网络结构

发送端传输软件登录：用户登录→登录→密码输入→密码为空→确定。

发送端传输软件配置：任务管理→设置文件任务→任务配置。

传输软件发送端配置，如图 4 - 15 所示。

图 4 - 15　传输软件发送端任务设置

相关的功能名词解释如下：

（1）发送端映射目录。配置界面的映射目录一般填接收端主机的根目录也就是
"\"而不是具体路径，经过隔离装置传输到外网主机的文件存储具体路径由接收端
传输软件确定。

例：内网主机通过正向隔离装置将 "1.txt" 文件传输至外网主机的/home/d5000
路径下，如果发送端传输软件映射目录配置/home/d5000、接收端传输软件接收根目

录也配置/home/d5000，那么传输成功的"1.txt"文件不会储存在/home/d5000路径下，而是在/home/d5000/home/d5000路径下，此处的/home/d5000/home/d5000由传输软件根据发送端配置的错误映射目录创建，所以一般情况、传输软件发送端映射目录一般填接收端主机的根目录也就是"\"而不是具体路径。

（2）文件后缀名过滤。该功能可以实现只传输发送端目录下带有特定后缀名的文件。

例：内网主机的/home/root路径下同时存在带有后缀名".txt"以及".elg"的文件，如果想要只将带有后缀名".elg"的传输至外网主机、则可以在发送端传输软件文件后缀名过滤功能中配置".elg"实现要求。

接收端传输软件登录：用户登录→登录→密码输入→密码为空→确定。

接收端传输软件配置：任务管理→任务配置。

传输软件接收端配置，如图4-16所示。

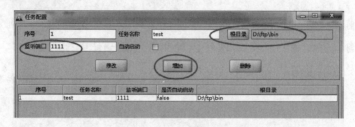

图4-16　传输软件接收端任务设置

2. 反向隔离传输软件

按照图4-17进行反向隔离传输软件发送端和接收端配置。

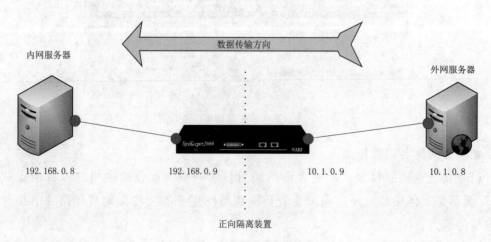

图4-17　反向隔离装置网络结构

发送端传输软件登录：用户登录→登录→密码输入→密码为空→确定。

发送端传输软件配置：任务管理→设置文件任务→任务配置。

传输软件发送端配置，如图 4-18 所示。

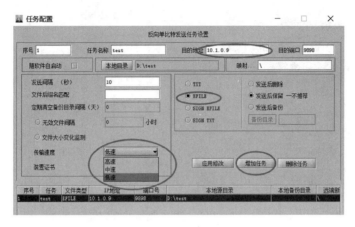

图 4-18　传输软件发送端任务设置

相关的功能名词解释如下：

（1）传输文件类型。因反向隔离装置用于低安全区向高安全防护区的单向数据传递，所以在可传输的文件类型上采取严格限制。反向隔离隔离传输软件发送端提供四种安全文件类型供选择，即文本 txt 文件（TXT）、E 语言文件（EFILE）、带合法标记签名的 E 语言文件（SIGN EFILE）、带合法标记签名的文本 txt 文件（SIGN TXT）。

（2）装置证书。反向隔离装置和传输软件提供基于 RSA/SM2 公私密钥对的数字签名和采用专用加密算法进行数字加密的功能，保障传输软件发送端与隔离装置之间建立安全加密传输隧道、保障数据的安全性、机密性、可靠性。隔离装置与传输软件发送端互导证书（类似纵向加密认证装置互导证书）即可实现外网主机至隔离装置之间数据安全传输要求。通过任务管理→安全配置可以看到图 4-19 所示界面、传输软件发送端证书请求导出与隔离装置证书导入功能。

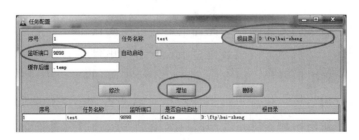

图 4-19　传输软件接收端任务设置

接收端传输软件登录：用户登录→登录→密码输入→密码为空→确定。

接收端传输软件配置：任务管理→任务配置。

传输软件接收端配置，如图4-20所示。

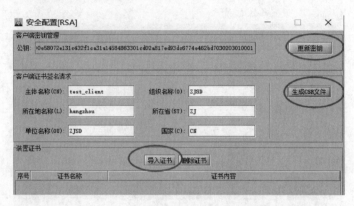

图4-20 传输软件接收端安全配置

4.2.2 科东隔离装置部署环境

4.2.2.1 科东隔离装置硬件及接口

StoneWall-2000隔离装置分为千兆型和百兆型，千兆型常用于调度主站，早期500kV及以上变电站也使用千兆型，百兆型常用于500kV以下的变电站，其外观如图4-21所示。

图4-21 StoneWall-2000正向隔离百兆型

科东横向隔离装置的接线与调试配置主要通过前面板的接口完成，千兆反向隔离装置示意图如图4-22所示。隔离装置背板设计有双电源接口，一个电源作为主电源供电，另一个作为辅电源备份，两个电源可以在线无缝切换。当系统检测到只连接单电源时设备不断发出告警声，用户可按压单电源告警控制开关使告警声关闭。此时，内网网口及串口连接内网侧系统，外网网口及串口连接外网侧系统。千兆隔离装置系统正常运行时内外网指示灯闪烁，百兆隔离设备系统正常运行时内外网指示灯常亮，反向隔离设备IC卡在位时IC卡指示灯亮。

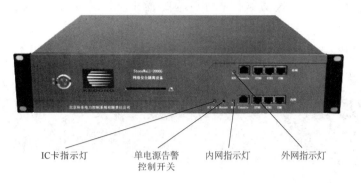

IC卡指示灯　　单电源告警　　内网指示灯　　外网指示灯
　　　　　　　　控制开关

图 4-22　千兆反向隔离装置示意图

4.2.2.2　科东横向隔离装置管理软件

1. 管理软件的界面及功能

StoneWall-2000 网络安全隔离设备设置了串口输出，可以用来连接管理主机的管理终端。串口特性为：波特率为 115200bit/s，8 位数据位，无奇偶校验，1 位停止位，无流量控制。

StoneWall-2000 共有两个串口，连接标记为 PRIVATE 的串口即可管理本隔离设备的内网端；连接标记为 PUBLIC 的串口即可管理本隔离设备的外网端。

科东横向隔离装置的配置口 IP 为 169.254.200.200，掩码为 255.255.255.0。科东横向隔离装置管理软件登录界面如图 4-23 所示。初始管理员的名字为 admin，密码默认值为 111111，在登录之后尽快修改密码，以防他人盗用。

图 4-23　科东横向隔离装置管理软件登录界面

科东横向隔离装置的配置软件总体分为配置和监视管理两大工具栏。其中，配置工具栏中有设备配置、规则管理、证书密钥、一键备份、用户管理、设备时间等 6 个配置界面，监视管理工具栏中有实时连接，设备状态及日志信息三个界面。登录后的配置界面及监视管理界面分别如图 4-24、图 4-25 所示。

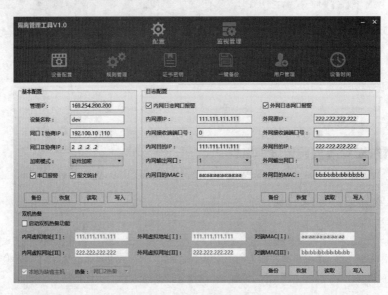

图 4-24　登录后的配置界面

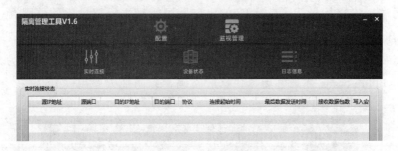

图 4-25　登录后的监视管理界面

设备配置：包括设备基本配置、日志告警配置、双机热备配置。

规则管理：包括隔离主机表项配置、规则表项配置。

证书密钥：包括设备自身密钥证书配置、发送端证书配置。

一键备份：包括对设备所有配置的导入和导出。

用户管理：包括对设备用户的管理。

设备时间：包括对设备系统时间的配置。

实时连接：显示正在传输的数据信息。

设备状态：显示设备主备运行状态信息。

日志信息：显示设备系统日志信息。

2. 传输软件的界面及功能

除配置管理软件外，隔离装置正常使用还需要在内外网两侧的主机上部署传输软件，对文件传输规则作进一步的设置。科东横向隔离装置的反向传输软件分为发送端和接收端，其界面如图 4-26、图 4-27 所示。

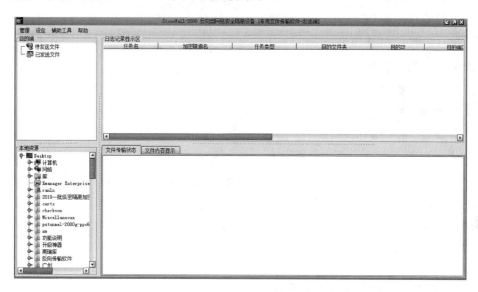

图 4-26　反向传输软件发送端界面

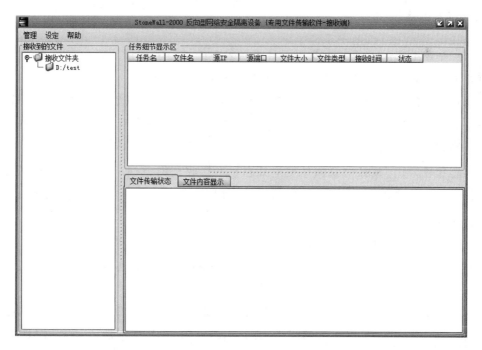

图 4-27　反向传输软件接收端界面

（1）发送端配置如下：

管理：包括密钥管理等。

设定：包括系统选项、加密隧道配置、数据链路配置等。

帮助：包括版本信息。

本地资源栏：右键文件夹后可进行任务配置。

（2）接收端配置如下：

管理：包括端口管理等。

设定：包括系统选项。

帮助：包括版本信息。

密钥管理：导出自身证书文件。

加密隧道：配置隔离协商 IP、端口、隔离证书等。

数据链路：配置对端数据通信地址信息，关联加密隧道。

任务：配置数据发送与接收文件夹，异常数据备份目录，关联数据链路。

端口管理：配置接收端监听端口。

系统选项：用于配置日志。

版本信息：查看当前版本号。

4.2.2.3 科东横向隔离装置配置管理

1. 设备配置

（1）基本配置。设备名主要用于日志告警中的设备名称信息，反向隔离需要针对各个业务口配置协商 IP 并指定当前设备加密算法的工作模式，即软加密或硬加密。

（2）日志配置。"网络安全产品集中监视管理系统"可以集中展现各网络安全隔离设备运行工况、配置信息、日志信息、报警信息等并综合利用，以便于系统维护，保证系统安全稳定运行。

隔离装置采用 UDP 协议向外发送日志，不接收任何返回。日志接收服务器的 IP 和端口、隔离装置用的虚拟 IP 等配制信息由隔离装置管理工具本地进行配置。日志配置栏在设备配置界面下，如图 4-28 所示。

配置"网络安全产品集中监视管理系统"的一些信息，如目的地址、目的物理地址（MAC）等后，必须写入配置信息文到"StoneWall-2000 网络安全隔离设备"中，重新启动隔离设备后，配置日志配置才能生效。

（3）双机热备。双机热备复用数据网口，其中一台配置默认主机，双机配置中〔Ⅰ〕指对应 Eth0 口，〔Ⅱ〕对应 Eth1 口，内外网虚拟 IP 指本地，对端 MAC 指另一台设备对应双机热备网口的 MAC。

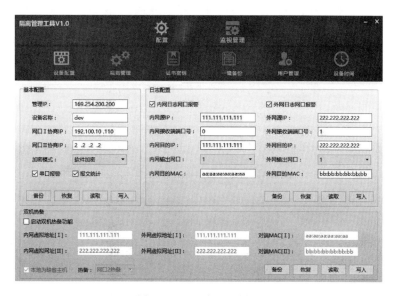

图 4 - 28　日志配置界面

双机热备部署时，两台设备协商 IP，规则及证书等配置均相同。

2. 规则管理

点击"配置"工具栏下的"规则管理"按钮，会进入规则管理界面，如图 4 - 29
所示。

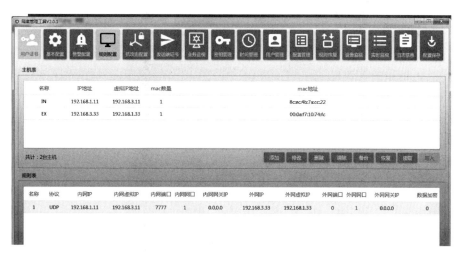

图 4 - 29　规则管理界面

首先在上方的主机信息表中，点击添加按钮，新建一台主机，或者选中已有主
机，点击修改按钮。主机信息编辑界面如图 4 - 30 所示。

然后添加主机名称、主机 IP、对应的 MAC 地址和主机虚拟 IP。当选择 IP 和

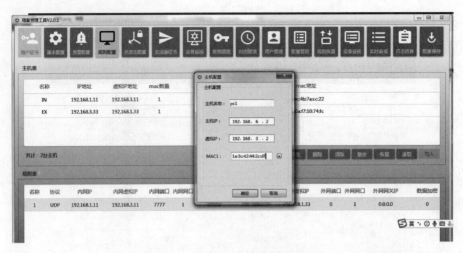

图 4-30　主机信息编辑界面

MAC 地址绑定时，只能填写一个 MAC 地址，若不选择绑定关系可选择添加 1~4 个 MAC 地址信息。若主机是内网主机，则主机虚拟 IP 是本主机在外网侧的虚拟 IP；若主机是外网主机，则主机虚拟 IP 是本主机在内网侧的虚拟 IP。

　　主机添加完毕后，规则管理界面在下方的连接信息表中，点击添加按钮，新建一条连接，或者选中已有连接，点击修改按钮。连接信息编辑界面如图 4-31 所示。

图 4-31　连接信息编辑界面

　　添加一条新的连接信息需要输入规则名称。在输入规则名称时，最好是输入一个具有意义的、有代表性的名称，比如 xx1_ss2，可以代表主机 xx1 和主机 ss2 之间有通信链路。在输入规则名称时，请注意开头字母不要是"-&%"等特殊字母，防止发生不必要的错误。规则名最长为 16 位；特殊值最长为 9 位，最大为 999999999。选择协议类型，可以根据具体应用来选择，隔离设备支持两种标准网络通信协议 TCP/IP、UDP。根据主机信息的配置对内网主机和外网主机 IP 地址、虚拟 IP、端口号和网口进行配置选择。对非法方向的报文信息选择记录和不记录，也可对特殊值进行过滤。

3. 证书密钥

首次使用设备时需进行"生成设备密钥数据"生成隔离设备密钥，后续使用时只需"导出设备证书文件"，即可导出隔离证书。备份或恢复密钥时使用"备份设备密钥数据"及"恢复设备密钥数据"，证书密钥配置界面如图 4-32 所示。

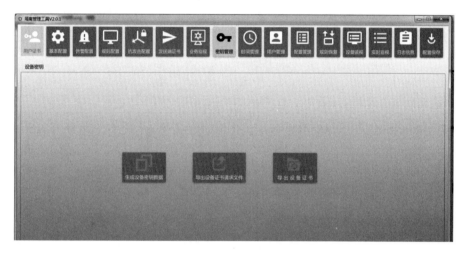

图 4-32　证书密钥配置界面

之后为规则中的各个发送端主机添加发送端证书即可。

4. 一键备份

可对设备配置、规则管理及证书密钥三个界面中的所有配置进行备份和恢复，一键备份界面如图 4-33 所示。

5. 设备时间

设备时间界面如图 4-34 所示。
手动设置：将界面上配置的时间设置到设备中。
直接设置：将当前系统时间设置到设备中。

6. 监视管理功能

实时连接、设备状态和日志信息界面分别如图 4-35～图 4-37 所示。

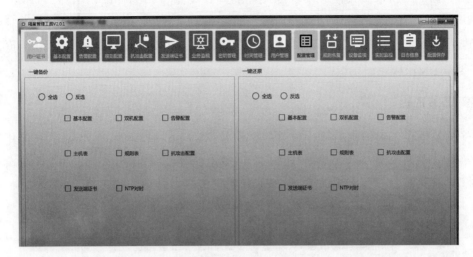

图 4 - 33　一键备份界面

图 4 - 34　设备时间界面

图 4 - 35　实时连接界面

图 4 - 36　设备状态界面

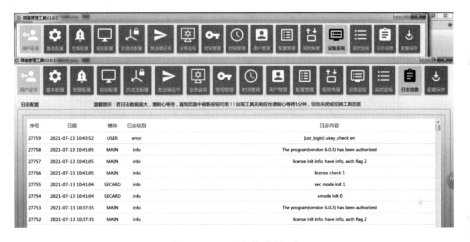

图 4 - 37　日志信息界面

4.2.2.4　科东横向隔离装置文件传输设置

在对横向隔离装置的规则设置完成并生效后，为实现文件跨区域传输，需要在内网和外网侧主机分别部署传输软件，发送侧部署客户端 Client，接收端部署 Server。以反向隔离传输软件为例说明。

1. 发送端

密钥保护口令：当发送端软件 config 目录下无 p12 密钥时，首次启动软件时会要求用户创建密钥并输入密钥保护口令，密钥导出时需要输入密钥保护口令，并指定导出文件夹，密钥导出界面如图 4 - 38 所示。

点击"添加"后界面新增一行，需填写隔离协商 IP、隔离协商端口、隧道重协商间隔、隔离公钥证书，配置完成后点击"保存"退出，加密隧道配置界面如图4-39所示。

例如隧道配置 Tunnel-1：隔离协商 IP 为 192.100.10.100，协商端口 4558，隧道重协商间隔 100000，数据链路配置界面如图4-40 所示。

点击"添加"后界面新增一行，需填写目的 IP（即隔离规则中内网虚拟 IP 栏的地

图4-38　密钥导出界面

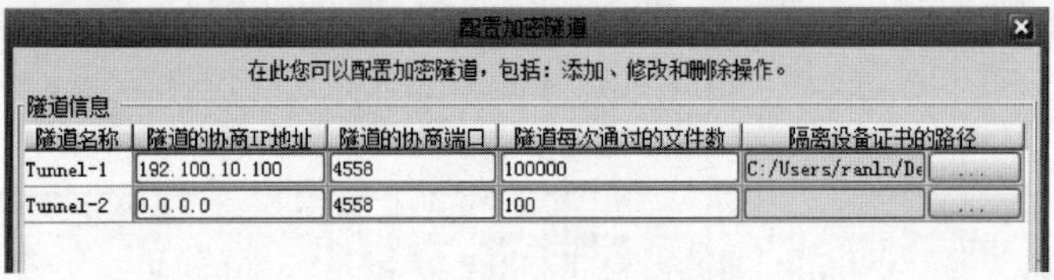

图4-39　加密隧道配置界面

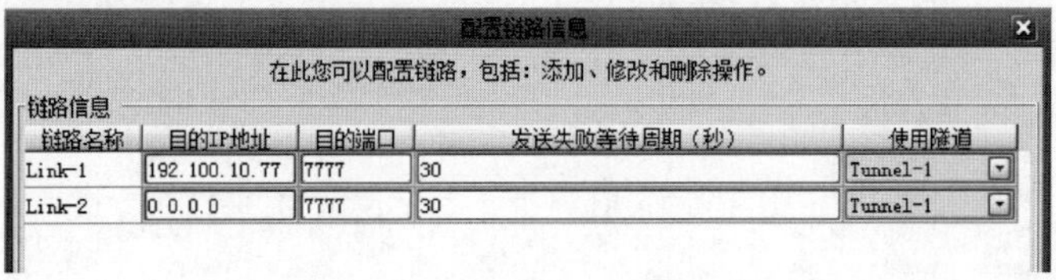

图4-40　数据链路配置界面

址）、接收端监听端口、发送失败时间间隔、指定隧道，配置完成后点击"保存"退出。

例如链路配置 Link-1：接收端虚拟 IP 为 192.100.10.77，监听端口 7777，发送失败时间间隔 30s，指定隧道 Tunnel-1，任务配置界面如图4-41 所示。

界面左下本地资源栏中，右键指定发送文件夹，选择"发送"弹出任务配置界面，目的文件夹为接收端指定文件接收文件夹，选择链路点击"添加"分配链路，配置不符合文件备份文件夹，配置完成后点击"确定"退出。

例如，任务配置：接收文件夹 D：/test，发送文件夹 D：/Etxt/send，发送失败备份文件夹 D：/Etxt/sendbak，添加链路 Link-1。

2. 接收端

正向隔离发送端传输软件只包含任务配置，接收端传输软件与反向一致，参考反向隔离传输软件即可，监听端口配置界面如图4-42 所示。

图 4-41 任务配置界面　　　　　　　　图 4-42 监听端口配置界面

4.3 典型案例

4.3.1 横向隔离装置配置原则

横向单相安全隔离是电力监控系统安全防护体系中重要的一环，需要部署在生产控制大区与管理信息大区之间，隔离强度迎接近或达到物理隔离，典型部署位置如图 4-43 所示。本任务以反向安全隔离装置为例，在二层交换环境中提供配置参考说明。

图 4-43 典型部署位置

内网主机为服务端，IP 地址为 192.168.0.1，虚拟 IP 为 10.144.0.2；外网主机为客户端，IP 地址为 10.144.0.1，虚拟 IP 为 192.168.0.2，假设 Server 程序数据接收端口为 9898，隔离装置内外网卡都使用 eth1。在二层交换的环境下，通信规则的配置原则如下：外网虚拟 IP 地址须与内网 IP 地址为同一网段，内网虚拟 IP 地址须与外网 IP 地址为同一网段，且虚拟地址必须在真实网络环境中没有被其他的主机和业务系统占用，二层交换模式拓扑如图 4-44 所示。

二层交换模式配置参考，如图 4-45 所示。

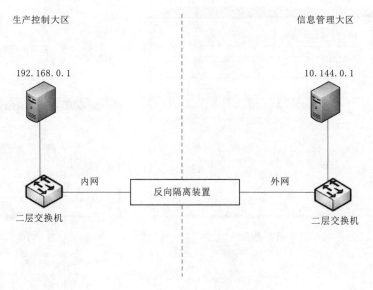

图 4 - 44　二层交换模式拓扑

图 4 - 45　二层交换模式配置参考

4.3.2　典型案例：横向隔离装置配置错误导致文件传输失败

1. 告警信息

配套使用隔离传输软件，文件传输失败。

2. 原因分析

将纯文本文件从管理信息大区发往生产控制大区，传输失败。经现场检查，生产控制大区为二层网络环境，网络设备配置无误，工作站能正确 ping 边界交换机；管理信息大区为三层网络环境，网络设备配置无误，工作站能正确 ping 边界交换机。检查传输软件任务设置无误，虚拟 IP 地址、端口、源文件路径、目标路径等正确。检查横向隔离装置配置，发现策略配置错误：外网配置中，MAC 地址填写为 7C－E9－D3－00－76－D9，为工作站 MAC。

3. 解决方案

正确配置外网配置中的"MAC 地址"一栏：填写网关 MAC，即"F0－DE－F1－C9－E0－7A"，装置重启后，重新启动传输任务，文件传输成功。

习　　题

1. 单选题

（1）对于网络安全隔离设备（反向型），下列说法正确的是（　　）。

A. 可配置规则外报文临时通过　　　　B. 两个安全区之间非网络方式数据交换

C. 支持 TCP 数据通信　　　　　　　　D. 非透明工作模式

（2）对于网络安全隔离设备（正向型），下列说法正确的是（　　）。

A. 不支持 UDP 协议　　　　　　　　　B. 只包含 MAC、IP 及端口的报文控制

C. 不允许内外网直接进行 TCP 连接　　D. 不具有 NAT 功能

（3）对于网络安全隔离设备（反向型），下列说法错误的是（　　）。

A. 对协商报文进行签名认证　　　　　B. 拒绝规则外报文通过

C. 拥有非对称加密隧道功能　　　　　D. 不具备电源告警功能

（4）网络安全隔离设备掉电后，下列说法正确的是（　　）。

A. 只有规则内的数据可以透传　　　　B. 任何数据都可以透传

C. 任何数据都无法透传　　　　　　　D. 传输中的数据可以继续透传

（5）安全区Ⅰ/Ⅱ业务口应该与网络安全隔离设备的哪个口相连？（　　）

A. 内网侧 Eth0/Eth1 口　　　　　　　B. 外网侧 Eth0/Eth1 口

C. 内网侧 Console 口　　　　　　　　D. 外网侧 Console 口

（6）串口下查看网络安全隔离设备（反向型）配置时，应该与哪个口相连？（　　）

A. 内网侧 Eth0/Eth1 口   B. 外网侧 Eth0/Eth1 口

C. 内网侧 Console 口   D. 外网侧 Console 口

(7) 内外网两侧 IP 不在同一网段时，规则如何配置？（　　）

A. 内网 IP 与内网虚拟 IP 配置同网段，外网 IP 与内网虚拟 IP 配置同网段

B. 内网 IP 与外网虚拟 IP 配置同网段，外网 IP 与外网虚拟 IP 配置同网段

C. 内网 IP 与内网虚拟 IP 配置同网段，外网 IP 与外网虚拟 IP 配置同网段

D. 内网 IP 与外网虚拟 IP 配置同网段，外网 IP 与内网虚拟 IP 配置同网段

(8) 反向发送端软件链路配置中，目的 IP 如何配置？（　　）

A. 规则内网实际 IP   B. 规则内网虚拟 IP

C. 规则外网实际 IP   D. 规则外网虚拟 IP

(9) 配置双机热备时，两台网络安全隔离设备如何配置？（　　）

A. 两台设备同时勾选本地缺省主机，并配置相同规则

B. 两台设备同时不勾选本地缺省主机，并配置相同规则

C. 一台设备勾选本地缺省主机，一台设备不勾选，并配置相同规则

D. 两台设备同时勾选本地缺省主机，设备可配置不同规则

(10) 网络安全隔离设备串口波特率为（　　）。

A. 9600   B. 19200   C. 57600   D. 115200

(11) 反向型电力专用横向安全隔离装置应禁止的网络服务包括（　　）。

A. e－mail   B. Telnet   C. Rlogin   D. 以上都是

(12) 关于电力专用横向安全隔离装置以下说法错误的是（　　）。

A. 安全设备   B. 应用于纵向的网络

C. 应用于横向的网络   D. 实现不同安全分区之间的文件传输

(13) 反向型电力专用横向安全隔离在实现安全隔离的基础上，采用（　　）保证反向应用数据传输的安全性，用于安全区Ⅲ到安全区Ⅰ/Ⅱ的单向数据传递。

A. 数字签名技术、内容过滤和有效性检查

B. 基于纯文本的编码转换和识别

C. 访问控制

D. 协议隔离

(14) 以下哪种特性是正向隔离装置不具备的？（　　）

A. 割断穿透性的 TCP 连接   B. 支持双机热备

C. 基于纯文本的编码转换和识别   D. 报文综合过滤

(15) 电力专用横向单向安全隔离装置主要通过（　　）实现立体访问控制。

A. 网络报文进行分析、存储和转发   B. 网络报文进行分析、存储和导出

C. 网络报文进行分析、算法加密和转发   D. 网络报文进行分析、过滤和转发

2. 多选题

（1）网络安全隔离设备（正向型）具有下列哪些功能？（　　　）

A. NAT 功能 　　　　　　　　　　B. 日志告警功能

C. 双机热备 　　　　　　　　　　D. 支持 TCP 或 UDP 传输协议

（2）网络安全隔离设备（反向型）使用了哪些技术？（　　　）

A. 掉电旁路 　　　　　　　　　　B. 多级访问控制

C. 数据加解密 　　　　　　　　　D. 数字签名验签

（3）网络安全隔离设备（正向型）说法正确的是（　　　）。

A. 用户可自行开发传输软件 　　　B. 必须使用配套传输软件

C. 数据包传输从内网侧到外网侧 　D. 数据应答包传输从内网侧到外网侧

（4）网络安全隔离设备说法错误的是（　　　）。

A. 应用与横向网络 　　　　　　　B. 应用与纵向网络

C. 实现同安全区之间的文件传输 　D. 作为应用数据存储设备

（5）网络安全隔离设备说法正确的是（　　　）。

A. 由内、外网系统及安全岛构成 　B. 单向数据传输

C. 应答包必须符合单 Bit 应答格式 　D. 支持主机多网卡绑定配置

（6）反向型电力专用横向安全隔离装置接收管理信息大区发向生产控制大区的数据，进行（　　　）处理后，转发给生产控制大区。

A. 应用层加密 　　B. 签名验证 　　　C. 内容过滤 　　　D. 有效性检查

（7）每一次数据交换，隔离设备经历了数据的（　　　）过程。

A. 接收 　　　　B. 存储 　　　　C. 转发 　　　　D. 签发

（8）关于电力专用横向安全隔离装置以下说法正确的是（　　　）。

A. 正向隔离装置可以内网口接三区，外网口接一区

B. 安全隔离装置的一个特征是内网与外网永不连接

C. 安全隔离装置不具备限定网关 MAC 地址的功能

D. 安全隔离支持双机模式

（9）下面哪些是电力专用横向单向安全隔离装置所具有的？（　　　）

A. 支持静态地址映射和虚拟 IP 技术

B. 具有应用网关功能，实现应用数据的接收和转发

C. 实现两个安全区之间非网络方式的安全数据传递

D. 基于 MAC、IP、传输协议、传输端口以及通信方向的综合报文过滤与访问控制

（10）以下对反向型电力专用横向安全隔离装置加密功能的说法正确的是（　　　）。

A. 传输客户端应对报文整体进行加密

B. 有条件的服务器应插加密卡，使用电力专用加密算法对报文进行加密

C. 不具备条件的服务器应使用国密算法对报文进行软加密

D. 反向隔离装置内网侧应内置加密芯片，具备对报文进行硬解密的能力

（11）正向型电力专用横向安全隔离装置具有的功能特点是（　　）。

A. 具有安全隔离能力的硬件结构　　　B. 支持双机热备

C. 单向传输控制　　　　　　　　　　D. 割断穿透性的 TCP 连接

3. 判断题

（1）网络安全隔离设备是横向边界防护设备。（　　）

（2）网络安全隔离设备区分正向型和反向型。（　　）

（3）网络安全隔离设备必须使用配套传输软件进行数据传输。（　　）

（4）用户可自行开发反向传输软件。（　　）

（5）网络安全隔离设备（正向型）有隧道协商功能。（　　）

（6）网络安全隔离设备（反向型）隧道协商成功后才能进行数据传输。（　　）

（7）网络安全隔离设备有配套管理工具。（　　）

（8）网络安全隔离设备管理工具可查看系统日志。（　　）

（9）网络安全隔离设备管理工具支持配置文件的备份和恢复。（　　）

（10）网络安全隔离设备（反向型）只能传 E 语言文件。（　　）

（11）电力专用横向单向安全隔离装置可以具有自动旁路功能。（　　）

（12）电力专用横向单向安全隔离装置支持基于状态检测的报文过滤技术。（　　）

（13）电力专用横向单向安全隔离装置的用户类型只有超级用户。（　　）

（14）物理隔离的一个特征就是内网与外网永不连接。（　　）

（15）正向型电力专用横向安全隔离装置主要用于从Ⅲ区向Ⅰ、Ⅱ区传输纯文本文件。（　　）

（16）电力专用横向单向安全隔离装置内网和外网服务器在同一时间最多只有一个能够与隔离设备建立非 TCP/IP 协议的数据连接。（　　）

（17）电力专用横向单向安全隔离装置系统默认拒绝所有报文通过，只有在规则配置中允许通过的报文才可以通过。（　　）

4. 简答题

（1）网络安全隔离设备（反向型）需要做哪些配置？

（2）简述电力专用横向单向安全隔离装置数据过滤的依据。

习 题 答 案

1. 单选题

(1) B   (2) C   (3) D   (4) C   (5) A   (6) D   (7) D   (8) B

(9) C   (10) D   (11) D   (12) B   (13) A   (14) C   (15) D

2. 多选题

(1) ABCD   (2) BCD   (3) AC   (4) BCD   (5) ABCD   (6) BCD

(7) ABC   (8) BD   (9) ABCD   (10) ABC   (11) ABCD

3. 判断题

(1) 对   (2) 对   (3) 对   (4) 错   (5) 错   (6) 错   (7) 对   (8) 对

(9) 对   (10) 对   (11) 错   (12) 对   (13) 错   (14) 对   (15) 错

(16) 对   (17) 对

4. 简答题

(1) 隔离侧：

1) 配置协商 IP。

2) 配置主机信息及规则信息。

3) 生成设备密钥，导出设备证书，并配置发送端证书。

发送端：

1) 生成发送端密钥，导出发送端证书。

2) 配置协商隧道，指定设备协商 IP 及设备证书。

3) 配置链路，指定目的 IP 为规则中内网虚拟 IP，关联隧道。

4) 配置任务，指定发送文件夹、接收文件夹，发送失败备份文件夹，关联链路。

(2) 数据过滤依据主要参照以下方面：

1) 数据包的传输协议类型，容许 TCP 和 UDP。

2) 数据包的源端地址、目的端地址。

3) 数据包的源端口号、目的端口号。

4) IP 地址和 MAC 地址是否绑定。

第5章 防　火　墙

5.1　工作原理

5.1.1　防火墙技术

防火墙指的是一个由软件和硬件设备组合而成、在内部网和外部网之间、专用网与公共网之间的边界上构造的保护屏障，它是一种计算机硬件和软件的结合，使网络与网络之间建立起一个安全网关（Security Gateway），从而保护内部网免受非法用户的侵入。防火墙主要由服务访问规则、验证工具、包过滤和应用网关4个部分组成。

5.1.1.1　防火墙的功能

防火墙最基础的两大功能是网络隔离和访问控制，同时随着防火墙技术的发展，防火墙的功能也越来越丰富。

1. 提供基础的组网和防护功能

防火墙能够满足企业环境的基础组网和基本的攻击防御需求。防火墙可以实现网络联通并限制非法用户发起的内外攻击，如黑客、恶意代码等，禁止存在安全脆弱性的服务和未授权的通信数据包进出网络，并抵抗各种攻击。

2. 记录和监控网络存取与访问

作为单一的网络接入点，所有进出信息都必须通过防火墙，所以防火墙可以收集关于系统和网络的操作信息并做出日志记录。通过防火墙可以很方便地监视网络的安全性，并在异常时给出报警提示。

3. 限定外部用户的对内访问行为

防火墙通过用户身份认证（如IP地址等）来确定合法用户，并通过事先确定的安全策略来决定外部用户可以使用的服务以及可以访问的内部地址。

4. 内部网络管理

利用防火墙对内部网络的划分，可实现网络中网段的隔离，防止影响一个网段的问题通过整个网络传播，从而限制了局部重点或敏感网络安全问题对全局网络造成的影响，同时保护一个网段不受来自网络内部其他网段的攻击，保障网络内部敏感数据的安全。

5. 网络地址转换

防火墙可以部署网络地址转换（network address translation，NAT）的逻辑地址来缓解地址空间短缺的问题，并消除在变换互联网服务提供商（internet service provider，ISP）时带来的重新编址的麻烦。

6. 虚拟专用网

防火墙还支持虚拟专用网络（virtual private network，VPN），通过 VPN 将企业事业单位在地域上分布在世界各地的局域网或专用子网有机联成一个整体。

5.1.1.2　防火墙的类型

1. 包过滤防火墙

包过滤防火墙又称网络级防火墙，是防火墙最基本的形式。防火墙的包过滤模块工作在网络层，它在链路层向 IP 层返回 IP 报文时，在 IP 协议栈之前截获 IP 包。它通过检查每个报文的源地址、目的地址、传输协议、端口号、ICMP 的消息类型等信息与预先配置的安全策略的匹配情况来决定是否允许该报文通过，还可以根据 TCP 序列号、TCP 连接的握手序列（如 SYN、ACK）的逻辑分析等进行判断，可以较为有效地抵御类似 IP Spoofing、SYN Flood、Source Routing 等类型的攻击。

防火墙的过滤逻辑是由访问控制列表（ACL）定义的，包过滤防火墙检查每一条规则，直至发现包中的信息与某规则相符时才放行；如果规则都不符合，则使用默认规则，一般情况下防火墙会直接丢弃该包。包过滤既可作用在入方向也可以作用在出方向。以表 5-1 为例，该访问控制列表仅允许 80 端口的 HTTP 服务进出防火墙，其他服务均禁止。

表 5 - 1 访 问 控 制 列 表 示 例

源地址	目的地址	传输协议	源端口	目的端口	标志位	操作
内部网络地址	外部网络地址	TCP	1024 – 65535	80	Any	允许
外部网络地址	内部网络地址	TCP	80	1024 – 65535	ACK	允许
Any	Any	Any	Any	Any	Any	拒绝

2. 应用代理防火墙

应用代理防火墙通过代理技术参与到一个 TCP 连接的全过程，所有通信都要由应用代理防火墙转发，客户端不允许与服务端建立直接的 TCP 连接。应用代理防火墙工作在应用层，不依靠包过滤工具来管理进出防火墙的数据流，而是通过对每一种应用服务编制专门的代理程序，实现监视和控制应用层信息流的作用。在代理方式下，内部网络网络的数据包不能直接进入外部网络，内部用户对外网的访问变成代理对外网的访问。同样，外部网络的数据也不能直接进入内网，而是要经过代理的处理后才能到达内部网络。所有通信都必须经过应用代理转发，应用层的协议会话过程必须符合应用代理软件的安全策略要求。

3. 混合防火墙

随着网络技术和网络产品的发展，目前几乎所有主要的防火墙厂商都以某种方式在其产品中引入混合性，即混合包过滤和代理防火墙的功能。例如，很多应用代理网关防火墙实施了基本包过滤功能以提供对 UDP 应用更好的支持。同样，很多包过滤或状态检查包过滤防火墙实施了基本应用代理功能以弥补此类防火墙平台的一些弱点。在很多情况下，包过滤或状态检查包过滤防火墙实施应用代理，以便在其防火墙中增加或改进网络流量日志和用户鉴别的功能。混合防火墙还可以提供多种安全功能，例如包过滤（无状态/有状态）、NAT 操作、应用内容过滤、透明防火墙、防攻击、入侵检测、VPN、安全管理等。

5.1.2 Web 应用防火墙

近年来，随着互联网及 Web 应用的高速发展，针对 Web 应用平台的攻击行为也越来越频繁，国内外爆发了大量由于 Web 安全漏洞引发的安全事件，对企业及个人的经济及生活带来诸多不便。为应对此类 Web 应用攻击，Web 应用防火墙（WAF）应运而生。

WAF 通过执行一系列针对 HTTP/HTTPS 的安全策略来专门为 Web 应用提供防护。WAF 对来自 Web 应用程序客户端的各类请求进行内容检测和验证，确保其安全性与合法性，对非法的请求予以实时阻断，从而对各类网站进行有效防护。

5.1.2.1　Web 应用防火墙的主要功能

Web 应用防火墙应该具备以下功能：

（1）应用层防护功能。WAF 提供的应用层防护涵盖了 SQL 注入防护、命令注入防护、文件包含防护、SSI 注入防护、LADP 注入防护、Websheel 防护、XXS 跨站脚本防护、网站扫描防护、路径遍历防护、盗链防护、信息泄露防护、Web 应用程序漏洞防护、Web 容器漏洞防护等防护功能。

（2）网络层防护功能。WAF 除提供应用层防护功能外，同时也提供网络防护功能，包括 DDOS 攻击、Syn Flood、ACK Flood、Http/Https Flood 等攻击的安全防护功能。

（3）HTTP 访问控制功能。HTTP 访问控制主要是针对网络层的访问控制，通过配置面向对象的通用包过滤规则实现控制域名以外的访问行为。可以通过闲置访问者的 URL、HTTP 访问方式以及 IP 地址来实现访问控制功能。

5.1.2.2　Web 应用防火墙的部署方式

1. 串联防护部署模式

串联防护部署就是在网络中将一台 WAF 的硬件设备串联部署在 Web 服务器前端，能够保障网站合规流量的正常传输并阻断攻击流量，保障业务系统的运行连续性和完整性。串联防护部署模式可以分为透明代理模式、路由代理模式以及反向代理模式三种。

（1）透明代理模式：透明代理模式也称网桥代理模式，工作原理是当 Web 客户端对服务器有连接请求时，TCP 连接请求将被 WAF 截取和监控。WAF 代理 Web 客户端和服务端之间的会话，将会话分成两端，并基于网桥模式进行转发。

此种部署模式对网络的改动最小，且在设备故障时可以通过旁路功能不影响原有网络流量，但由于网络的所有流量都要经过 WAF，这对 WAF 的处理性能有一定的要求。

（2）路由代理模式：路由代理模式与透明代理模式的唯一区别就是该代理工作在路由转发模式而非网桥模式，因此需要为 WAF 的转发接口配置 IP 地址以及路由。

路由代理模式需要对网络配置进行简单改动，要设置该设备内网口和外网口的 IP 地址以及对应的路由。WAF 工作在路由代理模式时，可以直接作为 Web 服务器的网关，但是此种模式存在单点故障问题。

（3）反向代理模式：反向代理模式就是指将真实服务器的地址映射到反向代理服

务器上。此时代理服务器对外就表现为一个真实服务器。由于客户端访问的就是WAF，此时WAF无需像其他模式一样采用特殊处理去劫持客户端和服务器的会话。当代理服务器收到HTTP的请求报文后，将该请求报文转发给对应的真实服务器。后台服务器接收到请求后，将响应先发送给WAF设备，由WAF设备再将应答发送给客户端。

反向代理模式需要对网络配置进行改动，配置相对复杂，除了要配置WAF设备自身的地址和路由外，还需要在WAF上配置后台服务器的真实Web地址和虚拟地址的映射关系。采用反向代理模式可以在WAF上实现负载均衡。

2. 旁路防护部署模式

当WAF采用旁路部署方式部署在网络中时，会将所有流量镜像到WAF进行分析。当分析发现有Web攻击时，Web应用防火墙会和核心交换机以及网站服务器进行联动，以广播的形式通报攻击行为进行拦截。此种部署模式延时性小，注重实时性。

5.2 变电站典型部署环境

5.2.1 防火墙操作

以启明星辰系列防火墙为例介绍防火墙的配置方法。

防火墙的常规配置主要包含基本网络参数配置（包括接口配置、VLAN配置、路由配置、镜像配置）、包过滤策略配置、安全加固配置（用户、权限、口令、安全防护配置）等。

5.2.1.1 设备登录

第一次登录防火墙进行配置，通常由配置计算机直连防火墙ETH0口，通过Web页面进行配置。将计算机网络地址配置为192.168.1.＊段网段地址（除防火墙本身192.168.1.250外），用HTTPS方式连接NF的管理接口IP地址，登录https：//192.168.1.250进行参数配置，登录界面如图5-1所示。

图5-1 登录界面

初始用户名为admin，密码为fw.admin（建议第一次配置后更换默认密码）。

5.2.1.2 基础网络配置

防火墙的网络配置主要包括二层、三层组网下的业务接口参数配置、VLAN 配置、路由配置、端口镜像等功能的配置。

1. 接口配置

设备所有物理接口的配置都在接口配置模块中，包括接口的工作模式及对应的接口的类型、接口描述、IP 配置、VLAN 配置、开启或关闭接口。物理接口的配置管理主要是对设备中的物理接口状态查看与状态、协商、速率、双工等进行配置。

通过"网络"→"接口"→"物理接口"，进入接口配置界面，如图 5-2 所示。

								共5条
链路状态	名称 ⇅	IP 地址	MAC 地址	速率	双工模式	管理状态	VLAN 数量	链路聚合
●	mgt	192.168.1.132/24	00-e0-4c-08-31-2e	100	FULL	UP	0	
●	ge0/0(ge0/0)		00-e0-4c-08-31-30	N/A	N/A	UP	0	
●	ge0/1(ge0/1)		00-e0-4c-08-31-31	N/A	N/A	UP	0	
●	ge0/2(ge0/2)		00-e0-4c-08-31-2f	N/A	N/A	UP	0	
●	ge0/3(ge0/3)	1.1.1.1/24	00-e0-4c-08-31-32	1000	FULL	UP	0	

图 5-2 接口配置界面

接口配置界面的内容说明如下：

（1）链路状态：物理接口链路状态，绿色为 UP，红色为 DOWN。

（2）名称：物理接口名称，mgt 是管理口，ge X/X 是千兆口，xge X/X 是万兆口。

（3）IP 地址：物理接口的 IP 地址/掩码。

（4）MAC 地址：物理接口的 MAC 地址。

（5）速率：物理接口实际速率，单位 Mbit/s。

（6）双工模式：物理接口双工模式，分为全双工/半双工两种（FULL/HALF）。

（7）管理状态：物理接口手工管理状态，分为 UP/DOWN 两种状态。

（8）VLAN 数量：物理接口所属于的 VLAN 数量。

（9）链路聚合：物理接口所属的链路聚合，设备标识是 tvi X。

（10）设备接口的工作模式可配置为二层接口和三层接口。支持二层和三层转发、二三层混合转发。在实际业务环境中可以根据防火墙所处二层或三层组网灵活配置。

二层物理接口配置：二层物理接口有两种模式，分别是 Access 和 Trunk。二层接口需要进行所属 VLAN 和默认 VLAN 的配置，如果不进行配置，系统会自动配置为"所属 vlan：1 默认 vlan：1"。通常配置为对端网络设备或主机设备的接口模式，并将所属 VLAN 和默认 VLAN 配置为防火墙"VLAN 配置"中的业务 VLAN。

三层物理接口配置：通常采用静态 IP 的方式，手动配置 IP 地址和掩码，并支持

IPv4 和 IPv6 地址。

配置操作完成后，需点击页面右上方的"确认"按钮，使配置生效。

2. VLAN 配置

如果防火墙工作在二层网络中，需对 VLAN 进行配置，通过"网络"→"接口"→"VLAN"进入 VLAN 配置界面，如图 5-3 所示。

链路状态	名称	IP 地址	MAC 地址	Tag	UnTagged 接口	Tagged 接口	
●	vlan1		00-e0-4c-2e-01-30	1			
●	vlan2	2.2.2.2/24	00-e0-4c-2e-02-30	2	ge0/2	ge0/1	

图 5-3　VLAN 配置界面

可以通过批量添加 VLAN 以及操作栏的添加图标添加 VLAN，也可以通过批量删除 VLAN 以及操作栏的删除图标删除已添加的 VLAN。以添加 VLAN100 为例：通过单击"批量添加 VLAN"按键添加 VLAN 并设置 VLAN ID 为 100。

如果需要配置 VLAN 的接口信息（为二层组网的防火墙提供管理及日志上传地址），则通过"网络"→"接口"→"VLAN"→"点击 VLAN 名称"进入 VLAN 接口配置界面，如图 5-4 所示。

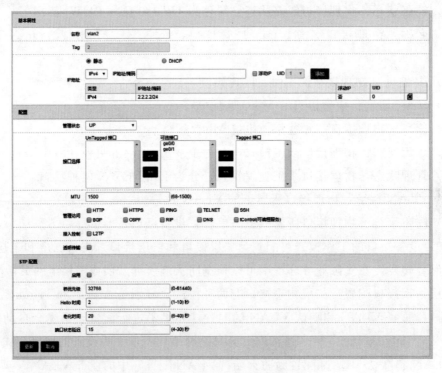

图 5-4　VLAN 接口配置界面

在 VLAN 接口配置页面上，用户可以修改 VLAN 的 IP 地址、管理状态、Un-Tagged 接口、Tagged 接口、MTU、STP 配置等信息。

3. 路由管理

如果防火墙工作在三层网络中，需要配置静态路由，通过"网络"→"路由"→"静态路由"进入静态路由配置界面，如图 5-5 所示。

静态路由是在路由器中人工配置的固定路由条目。除非网络管理员干预，否则静态路由不会发生变化。由于静态路由不能对网络的改变作出反应，一般用于网络规模不大、拓扑结构固定的网络中。静态路由的优点是简单、高效、可靠。在所有的路由中，静态路由优先级最高。当动态路出与静态路由发生冲突时，以静态路由为准。

图 5-5　静态路由配置界面

静态路由配置页面具有静态路由查询功能及配置功能，可以根据实际需求通过查询条件查询静态路由信息，查询到的静态路由信息显示在手动配置静态路由列表中，也可以通过"操作"功能添加或删除静态路由。以目的网段 10.10.100.0/24，下一跳地址为 192.168.1.1，出接口为 ge0/0 口的静态路由为例添加一条静态路由：通过手动配置静态路由界面中操作栏的 按键添加一条静态路由，配置目的网段为 10.10.100.0，子网掩码为 255.255.255.0，网关（下一条）为出接口 ge0/0，下一跳 192.168.1.1，其余参数默认无需配置。

4. 透明桥配置

透明网桥功能最初是由 DEC 公司提出，并被 802.1 委员会采纳并标准化。透明网桥实现网络报文链路层转发，使用方便，易于安装。透明桥支持 STP 协议，STP（Spanning Tree Protocol）是生成树协议的英文缩写。该协议可应用于环路网络，通过一定的算法实现路径冗余，同时将环路网络修剪成无环的树型网络，从而避免报文在环路网络中的增生和无限循环。

通过"网络"→"接口"→"透明桥"进入透明桥配置界面，如图 5-6 所示。

5.2.1.3　对象管理

1. 安全域对象

传统防火墙的策略配置通常都是围绕报文入接口、出接口展开的，这在早期的双

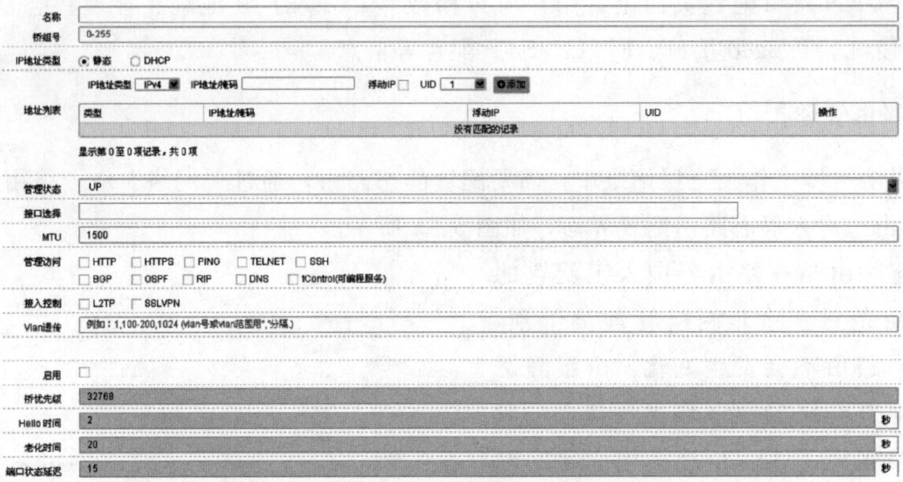

名称	
桥组号	0-255
IP地址类型	● 静态　○ DHCP

IP地址类型 IPv4　IP地址/掩码　[　] 浮动IP □　UID 1　⊕添加

地址列表	类型	IP地址/掩码	浮动IP	UID	操作
			没有匹配的记录		

显示第 0 至 0 项记录，共 0 项

管理状态	UP
接口选择	
MTU	1500
管理访问	□ HTTP　□ HTTPS　□ PING　□ TELNET　□ SSH □ BGP　□ OSPF　□ RIP　□ DNS　□ fControl(可编程服务)
接入控制	□ L2TP　□ SSLVPN
Vlan通传	例如：1,100-200,1024 (带号或vlan范围用","分隔.)

启用	□
桥优先级	32768
Hello 时间	2　秒
老化时间	20　秒
端口状态延迟	15　秒

图 5-6　透明桥配置界面

穴防火墙中还比较普遍。随着防火墙的不断发展，已经逐渐摆脱了只连接外网和内网的角色，并且向着提供高端口密度的方向发展。一台高端防火墙通常能够提供十几个以上的物理接口，同时连接多个逻辑网段。在这种组网环境中，传统基于接口的策略配置方式需要为每一个接口配置安全策略，给网络管理员带来了极大的负担，安全策略的维护工作量成倍增加，从而也增加了因为配置引入安全风险的概率。

和传统防火墙基于接口的策略配置方式不同，业界主流防火墙通过围绕安全域（security zone）来配置安全策略的方式解决上述问题。所谓安全域，是一个抽象的概念，它可以包含普通物理接口和逻辑接口，也可以包括二层物理 Trunk 接口和 VLAN，划分到同一个安全区域中的接口通常在安全策略控制中具有一致的安全需求。引入安全区域的概念之后，安全管理员将安全需求相同的接口进行分类（划分到不同的区域），能够实现策略的分层管理。同时如果后续网络变化，只需要调整相关域内的接口，而安全策略不需要修改。

设备通过安全域来实现默认的安全机制，安全域基于接口进行访问控制。默认情况下，设备具有三个安全域，分别为 Trust（用于放置内网 PC、内网设备、内网服务器）、Untrust（面向公网环境）、DMZ（用于放置公网映射服务器）。这三个安全域的优先级无法更改。当然，用户也可以自定义安全域及优先级。在未配置任何安全策略的情况下，较高优先级的安全域可以访问较低优先级的安全域，较低优先级的安全域无法访问较高优先级的安全域，同安全级别的两个安全域之间无法互访。

通过"网络"→"安全域"进入安全域配置界面，如图 5-7 所示。

2. IP 地址对象

为了方便用户的配置和管理，防火墙中引入了地址对象的概念。地址对象分为地

			共2条 新建
名称	域内接口互访	接口成员	
zone1	▢	ge0/3	📋
zone2	▢		📋

图 5-7　安全域配置界面

址节点和地址组，地址组是地址节点的集合。在其他功能的配置中（如防火墙策略、NAT 规则、路由策略），可以引用地址对象来定义配置生效的条件。

　　IP 地址模块通过配置 IP 地址对象和 IP 地址对象组，以便被包过滤、NAT 等安全策略引用。选择"对象"→"地址对象"→"地址节点"进入 IP 地址对象配置界面，如图 5-8 所示。

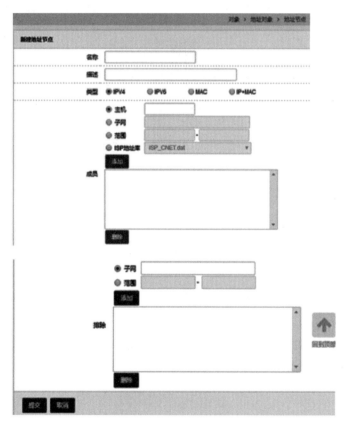

图 5-8　IP 地址对象配置界面

　　IP 地址对象除了增加、修改、删除功能外，还提供了查询和同步的功能。查询功能可以按名称查询，也可以按 IP 地址查询。按名称查询时支持模糊匹配，且不区分大小写。同步功能即将 IP 地址对象的配置信息同步到其他的安全策略中，可同步的安全策略包括包过滤策略、NAT、会话数限制、流定义、策略路由和 DNS 透明代理策略。以配置 IP 地址段 10.10.100.0/24 为例：通过操作栏 📋 按键新增一条 IP 地址，配置 IP 地址名称为 test，内容处填写 IP 地址 10.10.100.0，掩码选择为 24，其余参数默认无需配置。

3. 服务对象

为了方便用户的配置和管理，防火墙设备中引入了服务对象的概念。在其他功能（如防火墙策略、NAT 规则、路由策略）的配置中，可以引用服务对象来定义配置生效的条件。

服务模块包括预定义服务、自定义服务和服务组三个子模块。除系统预定义 28 种服务对象外，用户可以自定义服务对象，也可将预定义和自定义的服务对象添加到创建的服务组中。

通过"对象"→"服务对象"→"自定义服务"进入自定义服务界面进行自定义服务配置，如图 5-9 所示。

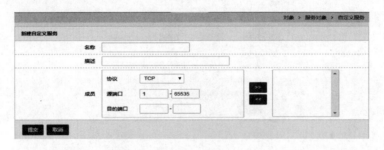

图 5-9　自定义服务配置界面

自定义服务除了增加、修改和删除功能外，还提供查询和同步功能。查询功能即按名称查询服务对象，支持模糊匹配，且不区分大小写。例如，输入字母 a，系统将匹配出名称中包含 a 或 A 的所有地址对象。同步功能即将自定义服务的配置信息同步到其他的安全策略中，可同步的安全策略包括包过滤策略、NAT、会话数限制和流定义。以配置 TCP2404 服务为例：通过操作栏按键新增一条服务，配置服务名称为 IEC104，配置服务内容协议为 TCP，端口为 2404-2404，其余参数默认无需配置。

4. 时间对象

为了方便用户配置和管理，防火墙设备中引入了时间对象概念，时间对象分为绝对时间和周期时间。在其他功能的配置中，可以引用时间对象来定义配置生效的条件。

绝对时间：配置服务在指定的时间内生效。

周期时间：配置服务在指定的时间范围内在指定的周期（星期一至星期日）执行。

通过"对象"→"时间对象"→"绝对时间"，进入绝对时间对象界面，如图 5-10 所示。

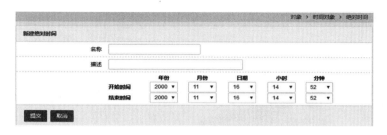

图 5-10　绝对时间对象配置界面

自定义时间范围时，通过在包过滤策略的应用实现策略生效的时间段。以配置一条时间对象为例：通过操作栏按键新增一条时间对象，配置时间名称为 always，时间范围设置为 2000-11-16 14：52 至 2000-11-16 14：52。

5.2.1.4　应用策略配置

应用控制策略是在安全策略基础上的进一步扩展，也是防火墙的核心模块。该模块不再局限于简单地对 IP、端口的分析控制，进一步对报文的数据内容进行协议分析、特征识别，识别出流量所属的具体应用，进而完成对某些具体应用流量的过滤、审计等功能。如对 P2P 下载、在线视频的流量控制就可以通过该模块完成。应用控制模块的核心配置，即是应用参数的配置，主要包括以下内容：

（1）应用：用来审计的目标应用，目前防火墙可以识别的应用有 1000 多种，覆盖了当前流行的绝大多数应用。

（2）应用行为：应用支持审计的动作，如登录、注销、下载文件等。

（3）应用行为参数：该应用行为支持的审计参数，如登录的用户名、下载的文件名等。

应用控制策略通过定义以上参数去匹配流量中的数据，一旦命中，即执行控制策略的动作：放行或者阻断，以及是否记录日志。

应用控制策略的基本要素是匹配条件和动作。匹配条件包括地址对象、应用对象、应用行为、行为参数、关键字匹配、策略生效的时间范围。其中，地址对象、时间范围对象、关键字对象都需要先建立好模板，策略的动作有"允许""拒绝"。

通过"策略"→"应用控制"→"应用控制策略"进入应用控制策略界面，如图5-11 所示。

5.2.1.5　登录及权限配置

1. 本地认证用户配置

通过"对象"→"用户对象"→"用户"进入本地认证用户配置界面，在本地认

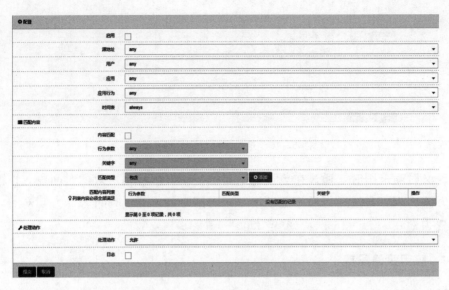

图 5-11　应用控制策略配置界面

证用户设置列表中可配置用户账号的名称、密码、权限等信息，如图 5-12 所示。

图 5-12　本地认证用户配置界面

启用：该用户名有效。

类型：认证用户或者静态用户。

认证用户：认证用户类型，包括本地用户、RADIUS 用户、LDAP 用户。

密码：用户认证时的密码。

确认密码：需要和密码一致。

2. RADIUS 用户配置

通过"对象"→"用户对象"→"用户"进入 RADIUS 用户配置界面，如图 5-13 所示。

用户名：RADIUS 服务器上的用户名。

启用：该用户名有效。

类型：认证用户。

图 5 - 13 RADIUS 用户配置界面

认证用户：RADIUS。

RADIUS：RADIUS 服务器对象。

3. LDAP 用户配置

通过"对象"→"用户对象"→"用户"进入 LDAP 用户配置界面，如图 5 - 14 所示。

图 5 - 14 LDAP 用户配置界面

用户名：LDAP 服务器上的用户名。

启用：该用户名有效。

类型：认证用户。

认证用户：LDAP。

LDAP：LDAP 服务器对象。

4. 管理员配置

防火墙支持使用本地用户数据库，支持使用 RADIUS 服务器、LDAP 服务器的用户认证。

（1）可以把用户名添加到 T 系列防火墙用户数据库中，然后为用户设置一个密码以允许用户使用这个内部的数据库进行认证。

（2）可以添加一个 RADIUS 服务器并且选择 RADIUS，以允许用户使用选定的 RADIUS 服务器进行认证。

（3）可以添加一个 LDAP 服务器并且选择 LDAP，以允许用户使用选定的 LDAP

服务器进行认证。当一个用户输入用户名和密码时，如果这个用户设置了密码并且密码匹配，则认证通过。

如果选择的是 RADIUS，用户名和密码与 RADIUS 服务器中的用户名和密码相匹配，则认证通过。如果选择的是 LDAP，而且配置了 LDAP 支持，用户名和密码与 LDAP 服务器中的用户名和密码相匹配，则认证通过。

通过"系统"→"管理员"→"管理员"进入管理员配置界面，在管理员配置列表中可配置管理员账号的名称、密码、权限等信息，如图 5-15 所示。

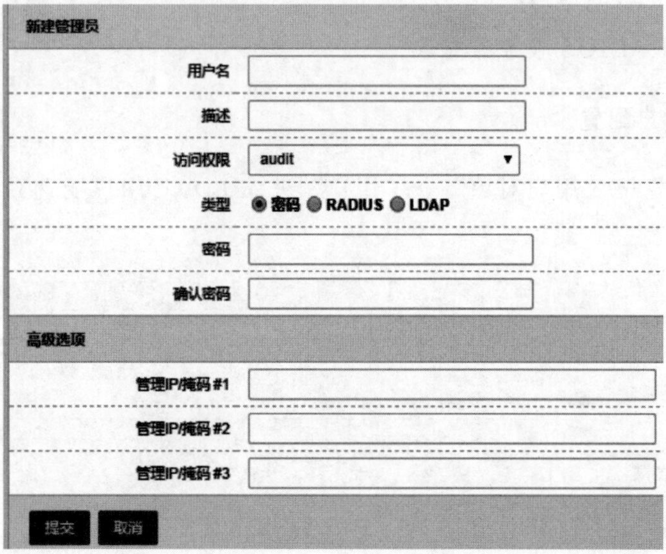

图 5-15　管理员配置界面

5．Web 认证

配置 Web 认证策略前需要先配置认证用户组和认证服务器。配置认证用户时，既可以选择配置单个用户，也可以选择配置用户组。但是在 Web 认证策略中只能配置用户组。Web 认证策略将过滤掉没有经过认证的用户报文，对应经通过认证的报文进行转发。

通过"策略"→"Web 认证"→"策略"进入 Web 认证配置界面，如图 5-16 所示。

认证配置界面的参数说明如下：

（1）入接口/安全域：数据流的流入方向，可以指定某个特定接口，any 表示所有接口。

（2）出接口/安全域：数据流的流出方向，可以指定某个特定接口，any 表示所有接口。

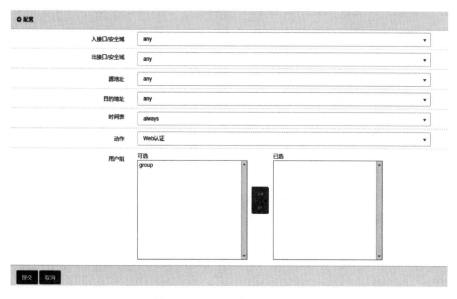

图 5-16　Web 认证配置界面

（3）源地址：数据流的源地址，可以引用已定义的某个地址对象或地址对象组，any 表示源地址为任意。

（4）目的地址：数据流的目的地址，可以引用已定义的某个地址对象或地址对象组，any 表示目的地址为任意。

（5）时间表：策略生效的时间，可以引用已配置的时间对象，always 表示所有时间。

（6）动作：该策略的动作类型。有两种类型可以选择，即 Web 认证、允许。

（7）用户组：用户组对象，可以引用已定义的某些用户组对象。

5.2.1.6　NAT 配置

NAT 即网络地址转换，最初是由 RFC1631（目前已由 RFC3022 替代）定义，用于私有地址向公有地址的转换，以解决公有 IP 地址短缺的问题。后来随着 NAT 技术的发展及应用的不断深入，NAT 更被证明是一项非常有用的技术，可用于多种用途，如：提供了单向隔离，具有很好的安全特性；可用于目标地址的映射，使公有地址可访问配置私有地址的服务器；可用于服务器的负载均衡和地址复用等。NAT 分为源 NAT 和目的 NAT。源 NAT 是基于源地址的 NAT，可细分为动态 NAT、PAT 和静态 NAT。动态 NAT 和 PAT 是一种单向的针对源地址的映射，主要用于内网访问外网，减少公有地址的数目，隐藏内部地址。动态 NAT 指动态地将源地址转换映射到一个相对较小的地址池中，对于同一个源 IP，不同的连接可能映射到地址池中不同的地址；PAT 是指将所有源地址都映射到同一个地址上，通过端口的映射实现不同连接的区分，实现公网地址的共享。静态 NAT 是一种一对一的双向地址映射，主要用于内部服务器向外提供服务的情况。在这种情况下，内部服务器可以主动访问外部，外部也可以主动访问这台服务器，相当于在内、外网之间建立了一条双向通道。

NAT 的基本原理是仅在私网主机需要访问 Internet 时才会分配到合法的公网地址，而在内部互联时则使用私网地址。当访问 Internet 的报文经过 NAT 网关时，NAT 网关会用一个合法的公网地址替换原报文中的源 IP 地址，并对这种转换进行记录；之后，当报文从 Internet 侧返回时，NAT 网关查找原有的记录，将报文的目的地址再替换回原来的私网地址，并送回发出请求的主机。这样，在私网侧或公网侧设备看来，这个过程与普通的网络访问并没有任何的区别。依据这种模型，数量庞大的内网主机就不再需要分配并使用公有 IP 地址，而是全部都可以复用 NAT 网关的公网 IP。本节以源 NAT 和目的 NAT 为例介绍防火墙的 NAT 配置方法。

1. 源 NAT 配置

源 NAT 方式属于多对一的地址转换，它通过使用"IP 地址＋端口号"的形式进行转换，使多个私网用户可共用一个公网 IP 地址访问外网，因此是地址转换实现的主要形式，也称作 NAPT。源 NAT 模块包含源 NAT 策略配置、地址池规则配置、端口块资源池配置三个功能特性。

通过"网络"→"NAT"→"NAT 规则"→"源地址转换"进入源 NAT 策略配置界面，如图 5-17 所示。

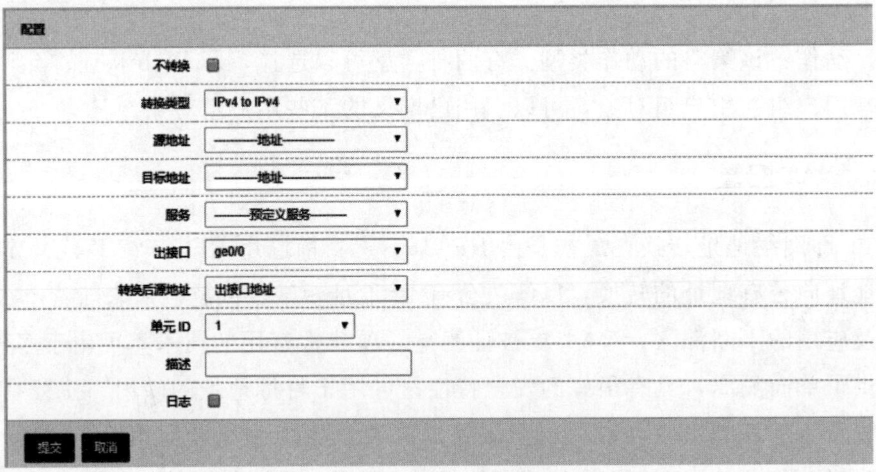

图 5-17　源 NAT 策略配置界面

源 NAT 策略配置包括动态端口 NAT、动态地址 NAT 和静态端口块 NAT 等三种方式。其中：①动态端口 NAT 主要是基于 IP 地址和端口号进行 NAT 转换；②动态地址 NAT 主要是基于 IP 地址进行 NAT 转换；③静态端口块 NAT 主要是基于静态端口块进行 NAT 转换。三种配置方式的配置参数基本相同，个别参数略有差异。

以配置动态端口 NAT 为例，配置一条内网 IP192.168.1.100 至外网 10.10.1.1 地址的 SSH 服务（出接口为 ge0/0），借用外网 10.10.1.100 地址的动态端口 NAT 策略：通过操作栏 按键新建一条源 NAT 策略，出接口参数选择 ge0/0，发起方源 IP 配置为 192.168.1.100，发起方的目的 IP 为 10.10.1.1，服务选择 SSH 服务，公网 IP 地址选择 10.10.1.100，状态为启用。

2. 目的 NAT 配置

目的 NAT 主要实现在外网访问内网的业务时隐藏内部网络地址，通过"网络"→"NAT"→"NAT 规则"→"目的地址转换"进入目的 NAT 策略配置界面，如图 5－18 所示。

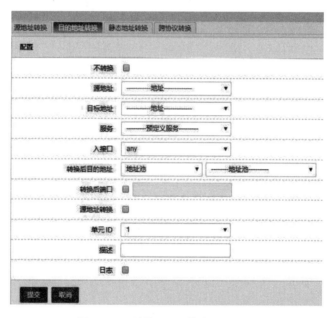

图 5－18　目的 NAT 策略配置界面

配置一条所有外网地址通过入接口 ge0/0 访问内网 192.168.1.100 服务器的 HT-TPS 服务，NAT 为 10.10.1.100 地址的目的 NAT 策略：通过操作栏 按键新建一条目的 NAT 策略，入接口参数选择 ge0/0，公网 IP 为 10.10.1.100，服务选择 HT-TPS，内网 IP 地址选择 192.168.1.100，状态为启用。配置生效后，所有外网客户端都通过 10.10.1.100 地址进行 HTTPS 服务的访问，达到隐藏内部地址的目的。

5.2.1.7　配置文件备份及恢复

备份恢复提供了将当前的配置回退到指定配置文件中的配置状态的功能。主要应用于：当前配置错误，但错误配置太多不方便定位或逐条回退，需要将当前配置恢复到某个正确的配置状态；设备的应用环境变化，需要使用某个配置文件中的配置信息运行，在不重启设备的情况下将当前配置恢复到指定配置文件的状态。

通过"系统"→"配置"→"备份恢复"进入备份恢复界面，如图 5-19 所示。

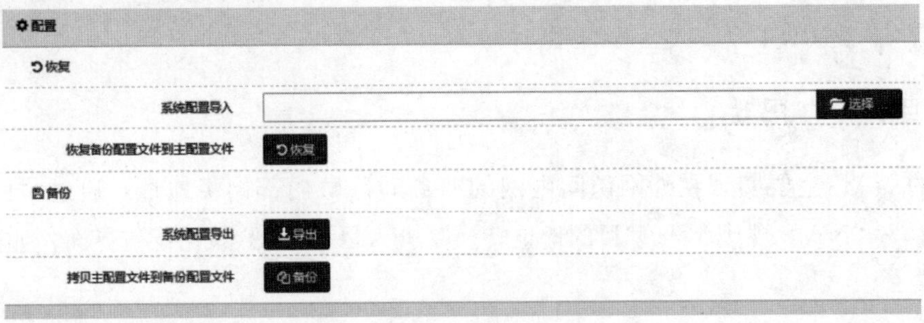

图 5-19　备份恢复界面

备份恢复页面主要包括以下功能：

（1）系统配置导入：选择配置文件导入到设备中。

（2）恢复备份配置到主配置文件：设备内的备份配置覆盖主配置。

（3）系统配置导出：将设备中的配置文件导出。

（4）拷贝主配置文件到备份配置文件：对设备内的主配置进行备份。

5.2.1.8　时间对象配置

为了方便用户配置和管理，防火墙设备中引入了时间对象概念，时间对象分为绝对时间和周期时间。在其他功能的配置中，可以引用时间对象来定义配置生效的条件。

绝对时间：配置服务在指定的时间内生效。

周期时间：配置服务在指定的时间范围内在指定的周期（星期一至星期日）执行。周期时间中可以定义有效时间范围和有效时间段。有效时间范围只能有一个，而有效时间段可以有多个。有效时间段之间是或的关系，满足其中一个即可；有效时间范围和有效时间段之间是与的关系，都满足才生效。

（1）配置绝对时间。通过"对象"→"时间对象"→"绝对时间"进入绝对时间配置界面，如图 5-20 所示。

（2）配置周期时间。设备作为客户端时，需要配置 NTP server 配置参数，通过操作下　图标新增 NTP 服务器，并配置 NTP server 地址，其余参数默认不用修改。

通过"对象"→"时间对象"→"周期时间"进入绝对时间配置界面，如图 5-21 所示。

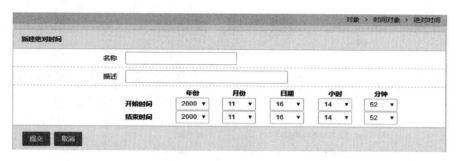

图 5 - 20　绝对时间配置界面

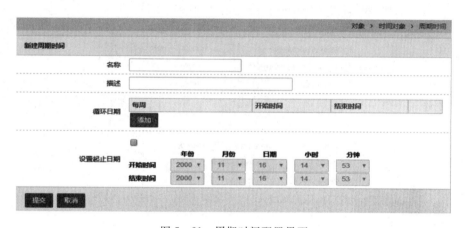

图 5 - 21　周期时间配置界面

5.2.1.9　攻击防护

攻击防护是防 Flood 攻击和防扫描安全功能的配置模版。攻击防护功能需要在安全防护策略中引用才能起作用。符合策略的报文则根据攻击防护中的配置实现告警、丢弃、syncookie 等动作，从而决定哪些数据包能进出、哪些数据包需要丢弃。

1. 基本攻击防护

通过"策略"→"安全防护"→"攻击防护"进入攻击防护界面，如图 5 - 22 所示。

攻击防护的页面包括以下主要内容：

（1）名称：攻击防护名称，支持中文名称。

（2）描述：攻击防护的简单描述信息。

（3）Anti - Flood Attack：配置是否启用防 Flood 攻击。

1）TCP Flood：选择启用 TCP 协议的防 Flood 攻击功能。TCP Flood 即 SYN Flood 攻击，是众多攻击形式的一种方式。SYN Flood 利用 TCP 协议的缺陷，向服务

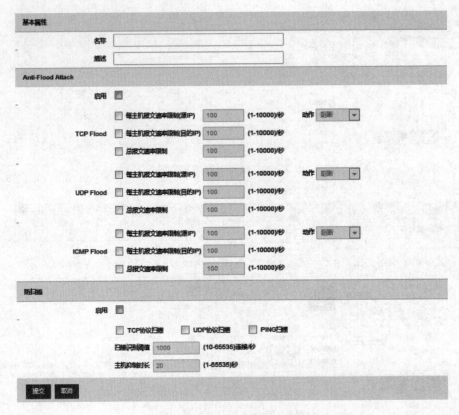

图 5 - 22　攻击防护配置界面

器端发送大量伪造的 TCP 连接请求之后，自身不再做出应答，使得服务器端的资源迅速耗尽，从而无法及时处理其他正常的服务请求，严重的时候甚至会导致服务器系统的崩溃。防火墙设备的防 SYN Flood 攻击采用了业界最新的 syncookie 技术，在很少占用系统资源的情况下，可以有效地抵御 SYN Flood 对受保护服务器的攻击。识别门限：配置 syn 报文个数的阈值，即防 TCP Flood 攻击的启动门限，缺省配置为 100。动作：阻断、警告、syncookie。

2）UDP Flood：选择启用 UDP 协议的防 Flood 攻击功能。识别门限：配置 UDP。报文个数的阈值，即防 UDP Flood 攻击的启动门限，缺省配置为 100。动作：阻断、警告。

3）ICMP Flood：选择启用 ICMP 协议的防 Flood 攻击功能。识别门限：配置 IC-MP 报文个数的阈值，即防 ICMP Flood 攻击的启动门限，缺省配置为 100。动作：阻断、警告。

（4）防扫描：配置是否启用防扫描攻击。

1）TCP 协议扫描：根据实际网络情况，当受到 TCP 扫描攻击时，可以配置防 TCP 扫描。当一个源 IP 地址在 1s 内将含有 TCP SYN 片段的 IP 封包发送给位于相同目标 IP 地址的不同端口（或者不同目标地址的相同端口）数量大于配置的阈值时，即认为其进行了一次 TCP 扫描，系统将其标记为 TCP SCAN，并在配置的阻断时间内拒绝来自于该台源主机的所有其他 TCP SYN 包。启用防 TCP 扫描可能会占用比较多的内存。

2）UDP 协议扫描：根据实际网络情况，当受到 UDP 扫描攻击时，可以配置防 UDP SCAN 扫描。当一个源 IP 地址在 1s 内将含有 UDP 的 IP 封包发送给位于相同目标 IP 地址的不同端口（或者不同目标地址的相同端口）数量大于配置的阈值时，即进行了一次 UDP 扫描，系统将其标记为 UDP SCAN，并在配置的阻断时间内拒绝来自于该台源主机的所有其他 UDP 包。启用防 UDP 扫描可能会占用比较多的内存。

3）PING 扫描：根据实际网络情况，当受到 PING 扫描攻击时，可以配置防 PING 扫描。当一个源 IP 地址在 1s 内发送给不同主机的 ICMP 封包超过门限值时，即进行了一次地址扫描。此方案的目的是将 ICMP 封包（通常是应答请求）发送给各个主机，以期获得至少一个回复，从而查明目标地址。防火墙设备在内部记录从某一远程源地点发往不同地址的 ICMP 封包数目。当某个源 IP 被标记为地址扫描攻击，则系统在配置的阻断时间内拒绝来自该主机的其他更多 ICMP 封包。启用防 PING 扫描可能会占用比较多的内存。

4）主机抑制时长：设置防扫描功能的阻断时间，当系统检测到扫描攻击时，在配置的时长内拒绝来自于该台源主机的所有其他攻击包，缺省配置为 20s。扫描识别阈值：防扫描功能的扫描识别门限，超过阈值时，该源 IP 被标记为扫描攻击，来自于该台源主机的所有其他攻击包都被阻断，缺省配置为 1000。

2. 会话控制

为了对数据流进行会话控制，防火墙引入了会话控制策略的概念。用户可以针对连接会话进行新建或者并发的控制，从而保护连接表不被攻击填满，并且能够在一定程度上限制一些服务或应用的带宽。会话控制支持根据入接口、源地址、目的地址、时间、服务或应用的组合进行控制。会话控制功能包括源主机连接限制、源主机连接速率限制、目的主机连接限制、目的主机连接速率限制、总连接限制和总连接速率限制等 6 种限制方式。通过配置会话控制策略可以对经过设备的数据流进行有效的控制。当设备收到数据报文时，把该报文的源地址、目的地址、服务等信息和用户配置的会话控制策略匹配，决定是否对这条数据流进行限制，并且把这条流和匹配的会话控制策略关联起来，从而确定如何处理该流的后续报文。会话控制策略按 IPv4 或 IPv6 从上往下匹配的原则，只对通过防火墙的数据包进行处理，对于设备本身发出的数据包不进行限制。

会话控制策略有两个基本要素，分别是匹配条件部分和会话限制部分。匹配条件部分包括数据流的入接口、源地址、目的地址、服务、应用和策略生效的时间范围。其中，数据流的入接口、源地址、目的地址、服务、应用和时间范围都可以直接引用已定义的对象。会话控制策略包括有源主机连接限制、源主机连接速率限制、目的主机连接限制、目的主机连接速率限制、总连接限制和总连接速率限制 6 种可配置的限制方式。

通过"策略"→"会话控制"来进入会话控制配置界面，如图 5 - 23 所示。

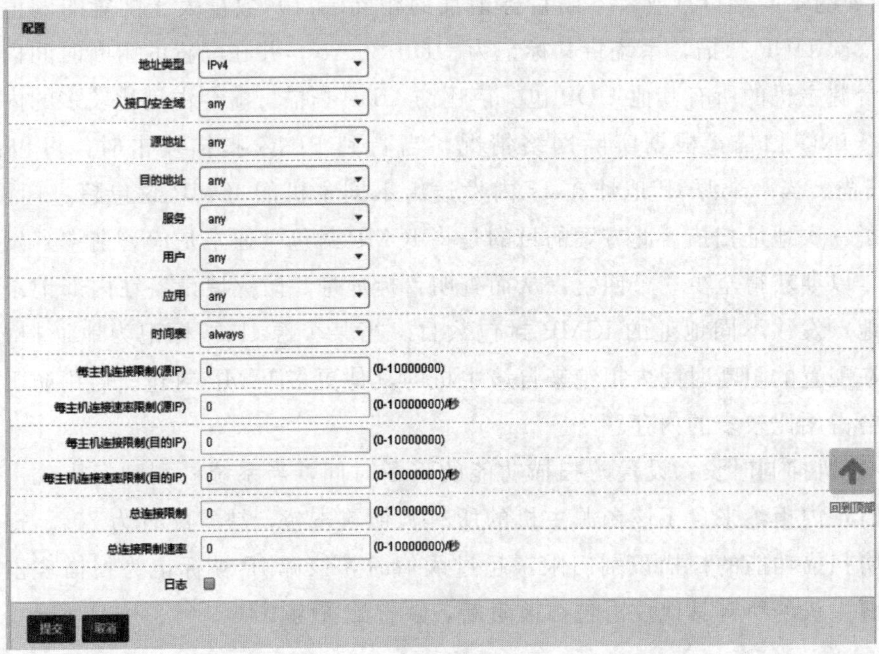

图 5 - 23   会话控制配置界面

3. DOS 防护

防 DOS（denial of service）攻击设计的目标就是要使设备能够阻止外部的恶意攻击，同时还能使内网正常地与外界通信。不仅保护设备，更要保护内网。当遭受到攻击时，向用户进行报警提示。常见的 DOS 攻击主要包括 PING of death、tear drop attack、jolt2 attack、syn fragment、land - base、winnuke、smurf 等。扫描也是网络攻击的一种，攻击者在发起网络攻击之前，通常会试图确定目标上开放的 TCP/UDP 端口，而一个开放的端口通常意味着某种应用。

主要有以下常见的扫描：

垂直（Vertical）扫描：针对相同主机的多个端口。

水平（Horizontal）扫描：针对多个主机的相同端口。

ICMP（PING）sweeps：针对某地址范围，通过 PING 方式发现存活主机。

防火墙可以有效防范以上几类扫描，从而阻止外部的恶意攻击，保护设备和内网。当检测到此类扫描探测时，向用户进行报警提示。

设置 DOS 基本防护功能。通过"策略"→"安全防护"→"DOS 防护"→"配置"进入防护配置界面，如图 5-24 所示。

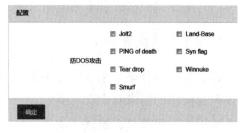

图 5-24 DOS 防护配置界面

5.2.2 Web 应用防火墙操作

Web 应用防护墙的基本配置、网络参数配置、对象配置方式与普通防火墙相同，具体可以参照防火墙操作指南进行配置，可以迪普 WAF3000 系列 Web 应用防火墙为例介绍 WAF 的配置方式。

5.2.2.1 站点防护配置

站点防护主要对 WAF 常见的和基本的功能进行页面配置和统一管理，在该模块可以管理 WAF 的几乎所有业务功能，从而实现 WAF 设备的站点安全防护功能。

1. 站点防护管理

站点防护管理提供了旁路学习模式配置和防护策略的增删改查等功能，用户可以根据需要对防护策略进行配置。通过"业务"→"站点防护"→"站点防护管理"→"站点防护管理"进入站点防护管理界面，如图 5-25 所示。

图 5-25 站点防护管理界面

站点防护管理配置步骤如下：

（1）配置防护对象，选择需要防护的站点用户组与服务器组，填写对应的站点防护端口。

（2）配置安全策略，包括"基本策略"与"高级策略"，选择需要开启的模块的对应策略。

（3）配置策略的生效时间范围，点击可选择和自定义：始终生效、相对时间和绝对时间。

（4）配置完成后，右上角点击"提交"，完成站点防护模块的配置。

2. 日志发送配置

日志发送配置是基于不同业务模块配置的关于模块告警日志的邮件外发的功能，可以根据用户的需求自定义对应的业务告警日志外发到相应的邮件服务器。此功能开启之前需先配置邮件。通过"业务"→"站点防护"→"防护日志分析"→"日志发送配置"进入日志发送配置界面，如图 5-26 所示。

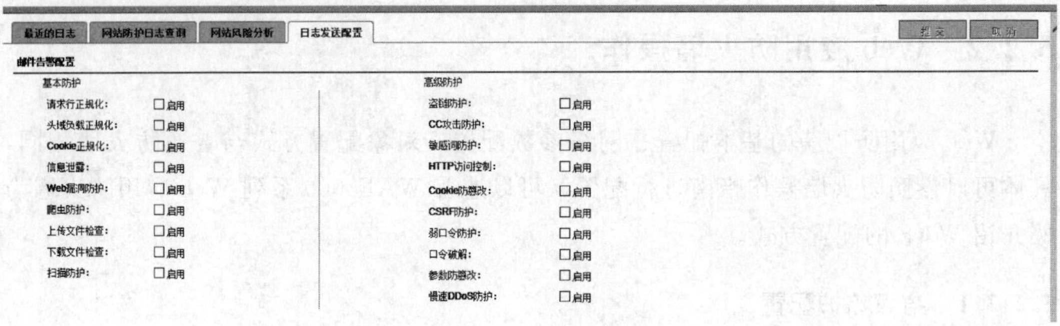

图 5-26 日志发送配置界面

5.2.2.2 基本策略配置

1. 请求行正规化配置

通过对 HTTP 协议的请求方法、请求 URL、版本等进行参数校验，对不在配置参数范围内的报文进行防护，从而达到了避免出现通过协议盲点进行拆分的恶意攻击。通过"业务"→"站点防护"→"基本策略"→"协议正规化"→"请求行正规化"，进入请求行正规化配置界面，如图 5-27 所示。

图 5-27 请求行正规化配置界面

请求行正规化配置步骤如下：

（1）配置请求方法分为预定义方法与自定义方法，未勾选的预定义方法与填写的自定义方法皆为非法方法，对于非法方法建立的 HTTP 请求 WAF 设备会进行防护。预定义方法中默认方法有 GET、POST、HEAD 三种，另外可点击"全选"按钮快速勾选所有预定义方法，也可自由选择勾选预定义方法。自定义方法中可根据需求对HTTP 请求的非法方法进行配置和添加删除。

（2）选择 HTTP 请求的版本，包含版本号为 HTTP/1.1、HTTP/1.0、HTTP/0.9。

（3）设置 URL 的总长（范围 0～65535）。

（4）参数配置，设置参数个数、参数名长、参数值长（范围 0～65535）。

（5）高级配置，设置非法元字符，包含 ASCII 控制字符与可显示字符。

（6）选择所配置策略的动作，可选动作有告警、阻断、推送、重定向。

2. Cookie 正规化配置

对请求中 Cookie 部分进行校验，防止通过畸形 Cookie 窃取服务器中用户私有信息或误导服务器做出错误的判定。通过"业务"→"站点防护"→"基本策略"→"协议正规化"→"Cookie 正规化"进入 Cookie 正规化配置界面，如图 5－28 所示。

图 5－28　Cookie 正规化配置界面

Cookie 正规化配置步骤如下：

（1）配置 Cookie 的总长（范围 0～10240）。

（2）配置 Cookie 参数个数（范围 0～200）。

（3）配置参数名长度（范围 0～1024）。

（4）配置参数值长（范围 0～4096）。

（5）选择所配置策略的动作，可选动作有告警、阻断、推送、重定向。

3. 头域负载正规化配置

对 HTTP 报文头域中各个字段的名称和长度进行限定。如果超出限定的范围，即有被攻击的风险。通过"业务"→"站点防护"→"基本策略"→"协议正规化"→"头域负载正规化"进入头域负载正规化配置界面，如图 5－29 所示。

图 5－29　头域负载正规化配置界面

头域负载正规化配置步骤如下：

（1）设置总体限制，包括请求头域最大长度（范围 1～65535）、请求实体最大长度（范围 1～65535）、响应实体最大长度（范围 1～65535）、HTTP 头域个数（范围 1～128）。

（2）设置全局限制，包括报文中的头域字段名最大长度限制（范围 1～65535）、头域字段值最大长度限制（范围 1～65535）、头域字段值最大长度限制（范围 1～65535）。

（3）设置高级配置，主要针对 HTTP 报文中 Host、Referer、Accept、User－Agent、Range、Content－Length、Accept－Charset、Content－Encoding 等 8 个头域字段长度大小或合法性限制的配置。

（4）选择所配置策略的动作，可选动作有告警、阻断、推送、重定向。

4. Web 漏洞防护配置

漏洞攻击防护主要包含 SQL 注入攻击防护、XSS 攻击防护、命令注入防护和目录遍历攻击防护等。其中以 SQL 注入攻击和 XSS 攻击最为严重，对这些类型的攻击可以进行有效的检测并执行相应的动作。通过"业务"→"站点防护"→"基本策略"→"Web 漏洞防护"进入 Web 漏洞防护配置界面，如图 5－30 所示。

图 5－30　Web 漏洞防护配置界面

Web 漏洞防护配置步骤如下：

（1）配置防护的例外页面，例外页面由 Host 和 URL 组成，勾选大小写区分表示会区分。

（2）配置防护的例外参数名称。

（3）选择需要防护的漏洞类型：包括 SQL 注入防护、XSS 攻击防护、命令注入防护、目录遍历防护、SSI 注入防护、LDAP 注入防护、XPath 注入防护、文件注入防护、邮件头注入防护、Struts2 攻击防护、SSL 漏洞攻击防护。

（4）配置黑名单联动参数：包括配置黑名单联动阈值，即单位时间统计某个 IP 攻击访问次数；配置黑名单联动周期，即统计周期，在周期内超过阈值加入黑名单；以及配置黑名单封禁时间，即黑名单生效时间。在封禁时间内，被加黑的攻击者 IP 无法访问服务器。

（5）选择所配置策略的动作，可选动作有告警、阻断、推送、重定向。

5. 扫描防护配置

扫描防护能够有效地防止非法客户端扫描服务器中被保护的文件，达到防护的目的。通过"业务"→"站点防护"→"基本策略"→"扫描防护"进入扫描防护配置界面，如图 5－31 所示。

图 5-31 扫描防护配置界面

扫描防护配置步骤如下：

（1）配置统计阈值。

文件扫描防护阈值：出现恶意枚举不存在的文件或目录的次数。

文件扫描统计周期：在周期内超过"文件扫描防护阈值"会执行动作进行防护。

Cookie 扫描防护阈值：同一 IP，使用相同 Cookie 请求次数。

Cookie 扫描防护周期：在周期内超过"Cookie 扫描防护阈值"会执行动作进行防护。

（2）选择所配置策略的动作，可选动作有告警、阻断。

（3）配置动作持续时间：针对相应的防护动作，进行持续阻断时间的设置。持续时间内攻击者 IP 将被加入黑名单。

6. 上传文件检查配置

对上传文件进行检查。对有攻击风险的文件类型进行阻断操作，除了默认的文件类型还可以自定义配置需要阻断的文件类型。通常对上传木马、病毒等恶意的操作进行限制。通过"业务"→"站点防护"→"基本策略"→"上传下载"→"上传文件检查"进入上传文件检查配置界面，如图 5-32 所示。

图 5-32 上传文件检查配置界面

上传文件检查配置步骤如下：

（1）选择文件上传的方法，可选 POST 和 PUT。

（2）配置禁止上传类型，可以通过选择预定义项或自定义上传的文件类型。

（3）配置限制上传参数，包括：

上传文件个数：限制允许同时上传的最大文件个数。

单个文件大小：限制允许上传的单个文件的大小值，超出值则防护。

文件大小总和：设置文件大小总和，超出值则防护。

WebShell 上报危险系数：配置 WebShell 文件的危险系数（范围 1~15）。

（4）选择所配置策略的动作，可选动作有告警、阻断。

7. 下载文件检查配置

下载文件检查功能可对下载文件的类型进行检查。如果下载的文件不符合自定义文件下载类型，用户可以限制不允许下载。通过"业务"→"站点防护"→"基本策略"→"上传下载"→"下载文件检查"进入下载文件检查配置界面，如图5-33所示。

图5-33 下载文件检查配置界面

下载文件检查配置步骤如下：

（1）配置禁止下载文件类型，可以选择预定义项或自定义下载的文件类型。

（2）配置禁止下载 MIME 类型：可自定义配置禁止下载的 MIME 文件类型。

（3）配置文件下载上限，限制下载文件的大小，超出设置值则进行防护。

（4）选择所配置策略的动作，可选动作有告警、阻断、推送、重定向。

8. 信息泄露防护配置

该策略能够有效地过滤服务器返回给客户端报文中涉及的基本信息，诸如服务器版本号、应用类型等，有效地阻止黑客利用此类信息进行后续的攻击；并对服务器的错误信息返回进行过滤，隐藏或摒弃涉及服务器安全的信息返回至客户端，有效地防止攻击者搜集服务器错误信息，做到对攻击的"事前"防护。通过"业务"→"站点防护"→"基本策略"→"信息泄露"进入信息泄露防护配置界面，如图5-34所示。

图5-34 信息泄露防护配置界面

信息泄露配置步骤如下：

（1）配置信息泄露防护，包括预定义信息泄露防护以及自定义信息泄露防护：

服务器信息：设置服务器信息，包括 Server 头域信息、5xx 信息、4xx 信息、网站目录信息、关键文件信息、数据库信息、源码信息、账号信息、WebShell。

关键文件泄露：选择需要防护的敏感文件类型。

账号泄露：设置需要防护的银行账号信息和身份证账号信息，设置账号阈值、末尾保留位数和替换字符。访问的内容中含有勾选的账号类别信息，当同一账号信息出现次数超过设置的账号阈值后，在开启告警动作时该账号信息会按照末位保留位数和替换字符进行安全隐藏防护，开启阻断动作时访问会直接被禁止。

自定义隐藏头域：设置自定义隐藏头域。

自定义源码泄露：设置自定义源码信息。

自定义关键文件路径：可自定义文件路径＋文件名称，文件名称为部分匹配原则。

（2）选择所配置策略的动作，可选动作有告警、阻断、推送、重定向。

9. 爬虫防护配置

网络爬虫防护能够对访问服务器的爬虫进行分类阻断，摒弃不需要的被访问的爬虫，防止此类消耗巨大服务器资源的事件发生。通过"业务"→"站点防护"→"基本策略"→"爬虫防护"进入爬虫防护配置界面，如图 5-35 所示。

图 5-35 爬虫防护配置界面

爬虫防护配置步骤如下：

（1）开启预定义爬虫特征。

（2）配置自定义爬虫类型，从而对此类爬虫类型进行防护。

（3）配置防护起始流量，选择需要防护的端口，设置该端口需要防护的流量大小。

（4）配置网络爬虫防护的白名单。

（5）选择所配置策略的动作，可选动作有告警、阻断、推送、重定向。

5.2.2.3 高级策略配置

1. 盗链防护配置

此策略可以对非法盗链资源（包括图片、音乐、视频、图片、文档）的行为进行实时监测和阻断。通过"业务"→"站点防护"→"高级策略"→"盗链防护"进入盗链防护配置界面，如图 5-36 所示。

图 5-36 盗链防护配置界面

盗链防护配置步骤如下：

（1）开启 Cookie 校验。

（2）设置需要保护的资源，包括音乐、视频、图片、文档、资源文件、不限定类型。

（3）设置网页盗链防护的例外网站。

（4）设置网页盗链防护可信域名。

（5）选择所配置策略的动作，可选动作有告警、阻断、推送。

2. 篡改防护配置

通过"业务"→"站点防护"→"高级策略"→"篡改防护"→"参数防篡改"进入参数防篡改配置界面，如图 5-37 所示。

图 5-37　参数防篡改配置界面

参数防篡改配置步骤如下：

（1）配置参数配置，包括：

1）Host：配置需要防护的 Host。

2）URL：配置需要防护的 URL。

3）前置条件：对满足前置条件的 Host、URL 中的参数进行防护。

4）限制参数：对 Host、URL 中的参数根据限制参数进行防护。

（2）选择所配置策略的动作，可选动作有告警、阻断、推送。

3. Cookie 防篡改配置

通过对 Cookie 值进行摘要或者加密，通过 HttpOnly 方式禁止用户对 Cookie 进行查看修改，再将加密后的 Cookie 值返回客户端，防止客户端修改 Cookie 信息；同时针对攻击者进行的 Cookie 重放，对 Cookie 是否经过篡改进行了缜密的分析，严格摒弃这类报文通过设备访问服务器，从而达到对此危险进行防护。通过"业务"→"站点防护"→"高级策略"→"篡改防护"→"Cookie 防篡改"进入 Cookie 防篡改配置界面，如图 5-38 所示。

图 5-38　Cookie 防篡改配置界面

Cookie 防篡改配置步骤如下：

（1）配置 Cookie 名称。

（2）配置防护方式，勾选摘要、加密、重放防护功能，具体如下：

1）摘要：对指定的 Cookie 值进行摘要运算并将摘要与原始 Cookie 同时发送给客户端，对客户端请求进行摘要校验，防止 Cookie 值被篡改。

2）加密：对 Cookie 值用固定的密钥进行加密和解密处理，防止 Cookie 值被篡改。

3）重放防护：对 Cookie 进行分析，判断其 Cookie 是否为之前记录的 IP 发送的，防止用户使用其他用户的 Cookie 进行篡改。

（3）勾选"HttpOnly"，隐藏 Cookie 信息，防止 Cookie 信息被篡改。

（4）勾选"Secure"，使得 Cookie 信息不被上传（在 HTTP 协议中），防止 Cookie 信息被篡改。

（5）选择所配置策略的动作，可选动作有告警、阻断、校验。

4. 口令破解防护配置

通过精准算法对登录请求频率进行计算并统计，分析是否存在尝试暴力破解用户名密码的行为发生，从而及时做出正确的防护工作，防止用户密码被暴力破解。密码破解防护策略可对非法用户使用破解软件对服务器用户名和密码进行破解的操作进行阻断。通过"业务"→"站点防护"→"高级策略"→"登录防护"→"口令破解"进入口令破解防护配置界面，如图 5-39 所示。

图 5-39　口令破解防护配置界面

口令破解配置步骤如下：

（1）选择匹配方式，包括内置规则、自定义表单模式和登录模式，具体如下：

1）内置规则：选择是否开启内置规则功能。

2）自定义表单模式：设置需要口令破解防护的页面网址，包括 Host、URL、用户名标识、密码标识。

3）登录模式：设置需要口令破解防护的登录页面地址、登录校验地址、选择是否开启 Cookie 校验。

（2）先启用阻断阀值，然后配置阻断阈值。

（3）先启用告警阀值，然后配置告警阈值。

（4）设置口令破解防护的作用时间。

5. 弱口令防护配置

通过"业务"→"站点防护"→"高级策略"→"登录防护"→"弱口令防护"

进入弱口令防护配置界面，如图5-40所示。

图5-40　弱口令防护配置界面

弱口令防护配置步骤如下：

（1）开启内置规则功能。

（2）设置自定义表单模式，设置需要弱口令防护的页面网址，包括Host、URL、用户名标识、密码标识。

（3）设置安全级别，安全级别包括中（同时含有数字、字母、符号中任意两种且长度不小于6）、强（同时含有数字、字母、符号且长度不小于6）、极强（同时含有数字、大写字母、小写字母、符号且长度不小于6）。

（4）设置弱口令防护动作，包括告警、阻断、推送、提示。

6. 敏感词防护配置

通过配置策略，能够有效地隐藏或阻断用户提交信息或网页中包含的敏感关键词，有效地防止非法内容发布。通过"业务"→"站点防护"→"高级策略"→"敏感词防护"进入敏感词防护配置界面，如图5-41所示。

图5-41　敏感词防护配置界面

敏感词防护配置步骤如下：

（1）设置敏感字过滤，敏感关键字使用","分割，单个敏感关键字长度小于30个字符（汉字和英文同等计算），最大配置规格为2000条。

（2）设置模糊匹配字符，模糊匹配字符使用","分割，单个模糊匹配字符长度小于90个字符，最大配置规格为100条。

（3）设置敏感词防护动作，包括告警、阻断、告警加内容屏蔽、阻断加内容屏蔽。

7. CSRF防护配置

CSRF（cross-site request forgery）即跨站点伪造请求攻击。攻击者可以用受害者名义伪造请求报文发送给被攻击对象，从而实现越权访问。CSRF防护功能可对访问防护页面的请求报文的特定字段进行分析处理，判定识别出访问者是否通过伪造身份进行安全攻击，确定其为攻击则将其阻断，从而达到防护的目的。通过"业务"→"站点防护"→"高级策略"→"CSRF防护"进入CSRF防护配置界面，如图5-42所示。

图5-42　CSRF防护配置界面

CSRF防护配置步骤如下：

（1）配置防护配置，设置需要CSRF防护的页面网址，包括Host、URL及Referer。Referer包括前缀匹配及精确匹配（完全匹配）。

（2）设置CSRF防护动作，包括提告警、阻断、推送。

8. 拒绝服务防护配置

拒绝服务攻击即攻击者想办法让目标机器停止提供服务，是黑客常用的攻击手段之一。拒绝服务防护包括CC攻击防护及慢速DDOS防护。

CC攻击防护策略可对非法客户端不停访问服务器以达到耗尽服务器资源的行为进行阻断。通过"业务"→"站点防护"→"高级策略"→"拒绝服务防护"→"CC攻击防护"进入CC攻击防护配置界面，如图5-43所示。

图5-43　CC攻击防护配置界面

CC攻击防护配置步骤如下：

（1）设置防护资源，设置需要CC攻击防护的页面网址，包括防护网站的Host、URL。

（2）设置防护方式，可选择源IP防护和Referer防护两种方式。

（3）设置阈值方式，可选择手动配置阈值和自动学习阈值。

（4）设置CC防护动作，包括告警、阻断、推送。

（5）设置CC攻击防护的执行时间。

慢速DDOS防护策略可对非法客户端不停访问服务器以达到耗尽服务器资源的行为进行阻断。通过"业务"→"站点防护"→"高级策略"→"拒绝服务防护"→"慢速DDOS防护"进入慢速DDOS防护配置界面，如图5-44所示。

慢速DDOS防护配置步骤如下：

（1）设置防护等级，防护等级包括极严格、严格、标准、宽松、极宽松。防护等级越严格，防御度越高，误报也越高。推荐配置标准等级。

图 5-44　慢速 DDOS 防护配置界面

（2）配置统计周期（单位：秒，默认值：50，范围 5~100）。

（3）配置黑名单生效时间（单位：分钟，默认值：30，范围 1~1440）。

（4）设置慢速 DDOS 防护配置动作，包括提告警、阻断。

9. HTTP 访问控制配置

该策略可对不同的 HTTP 请求配置成白名单或黑名单，以达到 HTTP 灵活的访问控制。通过"业务"→"站点防护"→"HTTP 访问控制"进入 HTTP 访问控制配置界面，如图 5-45 所示。

图 5-45　HTTP 访问控制配置界面

HTTP 访问控制配置步骤如下：

（1）设置参数配置，包括黑白名单优先级、黑白名单参数配置：黑白名单优先级：选择黑名单优先或白名单优先。

（2）黑白名单参数配置：包括黑名单配置与白名单配置，展开黑名单配置列白名单配置列会收起，反之亦然。黑名单配置参数包括请求方法、Host、URL、匹配类型、动作；白名单配置参数包括请求方法、Host、URL、匹配类型。

5.2.2.4　网页防篡改配置

网页篡改防护先把要防护的页面预取一份到本地缓存，当发现报文中的页面内容和预取的内容不相符时，即表明该网页被篡改。如合法用户需要对网页进行更新，在页面上点击更新即可，同时本地缓存的网页也会更新。

1. 网站管理配置

通过"业务"→"网页防篡改"→"网站管理"→"网站管理"进入网页防篡改网站配置界面，如图 5-46 所示。

网站管理配置步骤如下：

（1）配置需要防护网站的 IP 地址。

（2）配置需要防护网站对应的域名。

图 5-46　网页防篡改网站配置界面

（3）配置需要防护网站的 Web 服务端口号。

（4）配置对应策略的生效时间范围。

（5）开启邮件告警，可通过勾选该功能实现对网页篡改的日志进行邮件发送至服务器管理员。

2. 网站预取配置

通过"业务"→"网页防篡改"→"网站管理"→"网站预取"进入网站预取配置界面，如图 5-47 所示。

图 5-47　网站预取配置界面

网页预取配置步骤如下：

（1）服务器配置，选择在网站管理处配置的关联的网站名称。

（2）配置需要预取的网站的起始 URL。

（3）配置预取网站的深度，从起始 URL 开始计算。

（4）配置需要防护网站的文件类型，以"，"分隔。

（5）配置网页预取的状态，有未启动、预取中、已完成等三个不同状态。

（6）点击预取，开始预取网页内容。预取过程中该按钮显示灰色，预取完成后才可再次点击。

3. 防篡改配置

通过"业务"→"网页防篡改"→"防篡改配置"进入防篡改配置界面，如图5-48 所示。

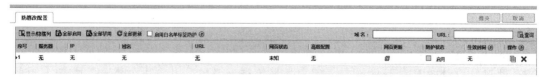

图 5-48　防篡改配置界面

防篡改配置步骤如下：

（1）配置网站管理和网页预取页面，进行预取。

（2）在图 5-48 所示页面中，可以查看网页预取后的结果，高级配置中设置需放过的起始标签与结束标签，对标签外内容进行防篡改防护，设置定时时间即网页预取时间间隔。每次配置完高级配置后需重新启用白名单标签防护。

（3）点击页面右上方的"提交"按钮，完成配置。

（4）在对应的防护 URL 下勾选启用，则开启防篡改防护。

5.2.2.5　审计配置

审计配置可对流量进行审计并记录报文信息用于流量溯源以及攻击查询。

1. 审计配置设置

通过"业务"→"高级功能"→"审计配置"→"审计配置"进入审计配置界面，如图 5-49 所示。

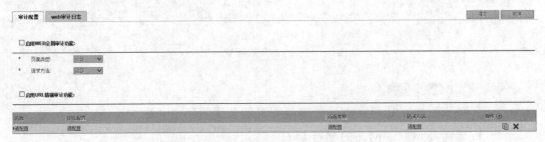

图 5-49　审计配置界面

审计配置包含 Web 全局审计功能的开启，或可启用 URL 精确审计对具体 URL 进行审计。

通过勾选"启用 Web 全局审计功能"开启全局的审计功能，并配置页面类型（静态、动态或全部）及请求方法（GET、POST 或全部）。

通过勾选"启用 URL 精确审计功能"开启精确审计功能，并配置需要审计的 URL、页面类型（静态、动态或全部）及请求方法（GET、POST 或全部）。

2. Web 审计日志

通过"业务"→"高级功能"→"审计配置"→"Web 审计日志"进入 Web 审计日志界面，如图 5-50 所示。

通过设置需要查询的 Web 审计日志的页面类型、请求方法、引用页、域名、源 IP、源端口、目的 IP、目的端口、用户类型等查询条件，并点击"查询"按钮，可筛选查看 Web 审计日志信息。

图 5-50　Web 审计日志界面

点击"导出"按钮，可导出筛选出的 Web 审计日志信息；点击"删除"按钮，可删除筛选出的 Web 审计日志信息；点击"清空查询条件"按钮，可清空全部查询条件。

5.3　典型案例

在实际工作中，不仅要关注防火墙产品技术，更重要的是要考虑如何根据安全要求在实际环境中部署和使用防火墙。不同的组合方式体现了系统不同的安全要求，也决定了系统将采取不同的安全策略和实施方法，正确选择防火墙的部署位置和正确设置防火墙策略决定着防火墙起到的防护效果。不正确的防火墙部署和安全规则设置都达不到应有的防护效果，造成安全配置漏洞。

5.3.1　防火墙应用场景

在实际网络环境中两种部署防火墙的方法：一是将防火墙部署在内部网与外部网的接入处，防火墙串接在内部网与外部网之间的路由器上，对外部网进入内部网的数据包进行检查和过滤，抵御来自外部网的攻击；二是将防火墙部署在内部网络中重要信息系统服务器的前端，防火墙串接在内部网核心交换机与服务器交换机之间，对内部网用户访问服务器及其应用系统进行控制，防止内部网用户对服务器及其应用系统的非授权访问。

5.3.1.1　生产控制大区防火墙部署

电力监控系统生产控制大区中防火墙的部署应在安全区 Ⅰ（控制区）与安全区 Ⅱ（非控制区）的横向网络边界上，起到逻辑隔离的作用，且在配备防火墙时应采用双机热备方式进行部署安装可生产控制大区防火墙示意图，如图 5-51 所示。

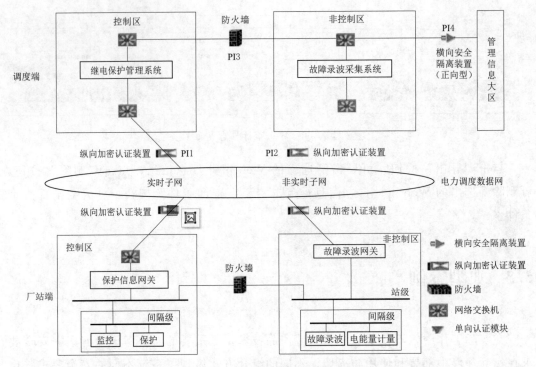

图 5-51　生产控制大区防火墙示意图

5.3.1.2　管理信息大区防火墙部署

电力监控系统管理信息大区中在纵向边界和重要信息系统区都需要分别放置防火墙来进行边界防护，以此来保障各区域数据信息的安全性和可控性。管理信息大区防火墙示意图如图 5-52 所示。

5.3.2　防火墙部署策略

利用防火墙实现内部网安全域划分，通过设置安全规则实现不同安全域之间的访问控制。根据网络拓扑和安全策略，正确设置防火墙的安全规则，满足安全策略对外部和内部用户访问控制的要求。

（1）正向策略：正向策略根据字面意思可以理解为，允许该允许的端口或协议，然后拒绝其他所有。

（2）反向策略：反向策略根据字面意思可以理解为，拒绝掉该拒绝的端口或协议，然后允许剩下的所有。

（3）单方向全通策略：这种配置跟前面两种极为不同，前两种属于正常思维策略，考虑好进和出及应用的地方，按照需求进行配置即可，但是此种策略的配置能够

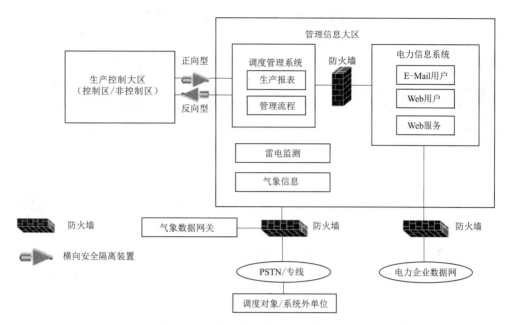

图 5-52 管理信息大区防火墙示意图

比前两种节省很多配置条目，基本分为以下步骤：

第一步：允许进或者出方向的所有端口。这点要看仔细了，这里有个词是"或者"，只能独一而存在，如果只允许进方向，那就不要配置允许出的方面，如果把进和出都全部允许，那就是全通策略，防火墙就成为了交换机。

第二步：在另一个方向进行严格控制，可进行正向或反向策略配置。通过这种配置方法，可以造成数据包去的时候是允许所有，看起来像是全通，但是当请求进行完相应回包的时候，在防火墙回方向上生效了严格策略，数据包无法回复，达到安全的目的。

习　题

1. 单选题

（1）下面关于防火墙的说法中，正确的是（　　）。

A. 防火墙可以解决来自内部网络的攻击

B. 防火墙可以防止受病毒感染的文件的传输

C. 防火墙会削弱计算机网络系统的性能

D. 防火墙可以防止错误配置引起的安全威胁

（2）防火墙的工作模式包括三种，其中（　　）不属于防火墙的工作模式。

A. 路由模式　　　　B. 混合模式　　　　C. 超级模式　　　　D. 透明模式

（3）下列哪种网络安全产品能够有效地进行网络访问控制（　　）。

A. 防火墙　　　　　B. VPN　　　　　C. 入侵检测系统　　　D. 防病毒系统

（4）利用防火墙的（　　）功能，可以防止 IP 地址的盗用行为。

A. 防御攻击　　　　　　　　　　　B. IP 地址和 MAC 地址绑定

C. 访问控制　　　　　　　　　　　D. URL 过滤

（5）下列有关防火墙叙述正确的是（　　）。

A. 包过滤防火墙仅根据包头信息来对数据包进行处理，并不负责对数据包内容进行检查

B. 防火墙也可以防范来自内部网络的安全威胁

C. 防火墙与入侵检测系统的区别在于防火墙对包头信息进行检测，而入侵检测系统则对载荷内容进行检测

D. 防火墙只能够部署在路由器等网络设备上

（6）电力监控系统安全Ⅰ区与安全Ⅱ区之间部署防火墙，主要使用其（　　）功能。

A. 访问控制　　　　B. 规则策略　　　　C. 网络协议　　　　D. 网关控制

（7）在管理信息大区新建一个业务安全区，与其他业务系统进行数据交互，以下关于管理信息大区与其他业务系统相连策略说法正确的是（　　）。

A. 配置防火墙，其规则为除非允许，都被禁止

B. 配置防火墙，其规则为除非禁止，都被允许

C. 可不配置防火墙，自由访问，但在主机上安装防病毒软件

D. 可不配置防火墙，只在路由器上设置禁止 PING 操作

（8）生产控制大区中已部署了漏洞扫描和入侵检测系统，若要在安全Ⅰ区与安全Ⅱ区之间部署一台防火墙，下列做法应当优先考虑的是（　　）。

A. 配置当前技术最先进的防火墙即可

B. 配置任意一款品牌防火墙

C. 任意配置一款价格合适的防火墙产品

D. 配置一款同已有安全产品联动的防火墙

（9）安全Ⅰ区与Ⅱ区之间部署防火墙防止病毒攻击端口，下面不应该关闭的端口是（　　）。

A. 21　　　　　　B. 22　　　　　　C. 23　　　　　　D. 25

（10）通过防火墙实现跨系统互联，外网地址为 202.101.1.1，内网地址为 192.168.1.1，这种情况下防火墙的工作模式为（　　）。

A. 透明模式　　　B. 路由模式　　　　C. 代理模式　　　D. 以上都不对

（11）在防火墙上把内网服务器 IP 地址 192.168.1.1 对外网做了地址转换，转换地址为 10.1.1.1，这时外网的 10.1.1.2 要访问内网服务器时，需要在防火墙上配置的包过滤规则的目的 IP 应该是（　　　）。

A. 10.1.1.1　　　B. 192.168.1.1　　C. 10.1.1.2　　　D. 192.168.1.2

（12）以下哪个选项不是防火墙提供的安全功能（　　　）。

A. IP 地址欺骗防护　　　　　　　　B. NAT

C. 访问控制　　　　　　　　　　　D. SQL 注入攻击防护

（13）包过滤型防火墙工作的好坏关键在于（　　　）。

A. 防火墙的质量　　　　　　　　　B. 防火墙的功能

C. 防火墙的过滤规则设计　　　　　D. 防火墙的日志

（14）硬件防火墙常见的集中工作模式不包含（　　　）。

A. 路由　　　　　B. NAT　　　　　C. 透明　　　　　D. 旁路

（15）硬件防火墙截取内网主机与外网通信，由硬件防火墙本身完成与外网主机通信，然后把结果传回给内网主机，这种技术称为（　　　）。

A. 内容过滤　　　B. 地址转换　　　C. 透明代理　　　D. 内容中转

（16）在防火墙策略配置中，地址转换技术的主要作用是（　　　）。

A. 提供代理服务　　　　　　　　　B. 隐藏内部网络地址

C. 进行入侵检测　　　　　　　　　D. 防止病毒入侵

（17）硬件防火墙是一种基于（　　　）网络安全防范措施设备。

A. 被动的　　　　　　　　　　　　B. 主动的

C. 能够防止内部犯罪的　　　　　　D. 能够解决所有问题的

（18）硬件防火墙是常用的一种网络安全装置，下列关于它的用途的说法（　　　）是对的。

A. 防止内部攻击　　　　　　　　　B. 防止外部攻击

C. 防止内部对外部的非法访问

D. 既防外部攻击，又防内部对外部非法访问

（19）生产控制大区内部的安全区之间应当采用具有访问控制功能的设备，例如（　　　），实现逻辑隔离。

A. 防火墙　　　　B. 二层交换机　　C. 集线器　　　　D. 中继器

（20）在《电力行业信息系统安全等级保护基本要求》生产控制类信息系统总体技术要求中控制区与非控制区之间应采用（　　　）或具有访问控制功能的设备进行隔离。

A. 入侵检测　　　B. 国产防火墙　　C. 漏洞扫描设备　　D. 杀毒软件

2. 多选题

（1）以下哪些是应用层防火墙的特点（　　）。

A. 更有效的阻止应用层攻击　　　　B. 工作在 OSI 模型的第七层

C. 速度快且对用户透明　　　　　　D. 比较容易进行审计

（2）防火墙在非正常条件（比如掉电、强行关机）关机再重新启动后，应满足哪些技术要求（　　）。

A. 防火墙存储介质内容不变　　　　B. 安全策略恢复到关机前的状态

C. 日志信息不会丢失　　　　　　　D. 管理员重新认证

（3）防火墙具有以下基本功能（　　）。

A. 过滤进、出网络的数据

B. 管理进、出网络的访问行为

C. 记录通过防火墙的信息内容和活动

D. 封堵某些禁止的业务，对网络攻击进行检测和报警

（4）防火墙不能防止以下（　　）攻击。

A. 内部网络用户的攻击

B. 传送已感染病毒的软件和文件

C. 外部网络用户的 IP 地址欺骗

D. 数据驱动型的攻击

（5）对于防火墙日志管理，下面正确的是（　　）。

A. 所有人都可以访问防火墙日志

B. 防火墙管理员应支持对日志存档、删除和清空的权限

C. 防火墙应提供能查阅日志的工具，并且只允许授权管理员使用查阅工具

D. 防火墙应提供对审计事件一定的检索和排序的能力，包括对审计事件以时间、日期、主体 ID、客体 ID 等排序的功能

（6）简单包过滤防火墙主要工作在（　　）。

A. 链路层　　　　B. 网络层　　　　C. 传输层　　　　D. 应用层

（7）在电力监控系统部署硬件防火墙，其主要功能包括（　　）。

A. 日志审计　　　B. 加密认证　　　C. 协议过滤　　　D. 地址过滤

（8）电力监控系统中防火墙必须配置哪几类用户（　　）。

A. 管理员　　　　B. 虚系统用户　　C. 审计员　　　　D. 浏览者

（9）在防火墙的安全策略中，必须禁止（　　）等危险服务，禁止 SNMP、Terminal Server 等远程管理服务。

A. rlogin　　　　B. FTP　　　　　C. E–Mail　　　　D. syslog

（10）防火墙访问控制规则配置步骤包括以下哪几项（　　）。

A. 定义源地址　　　　　　　　　　B. 定义目的地址

C. 启用规则　　　　　　　　　　　D. 定义服务端口号

（11）为满足安全防护要求，下列应配置防火墙的节点有（　　）。

A. 智能变电站一体化监控系统中综合应用服务器与Ⅲ/Ⅳ区数据通信网关机之间

B. 智能变电站一体化监控系统中Ⅱ区数据通信网关机与数据服务器之间

C. 电力监控系统安全Ⅰ区与安全Ⅱ区之间

D. D5000测试验证系统与在线系统之间

（12）防火墙应能够通过（　　）等参数或它们的组合进行流量统计。

A. IP地址　　　　B. 接口速率　　　　C. 网络服务　　　　D. 时间和协议类型

（13）防火墙应具备包过滤功能，具体技术要求如下（　　）。

A. 防火墙的安全策略应使用最小安全原则，即除非明确允许，否则就禁止

B. 防火墙的安全策略应包含基于源IP地址、目的IP地址的访问控制

C. 防火墙的安全策略应包含基于源端口、目的端口的访问控制

D. 防火墙的安全策略应包含基于协议类型的访问控制

（14）包过滤防火墙技术，通常阻止（　　）数据包。

A. 来自未授权的源地址且目的地址为防火墙地址的所有入站数据包（除Email传递等特殊用处的端口外）

B. 源地址是内部网络地址的所有入站数据包

C. 所有ICMP类型的入站数据包

D. 来自未授权的源地址，包含SNMP的所有入站数据包

（15）以下哪些攻击方式，普通的防火墙没办法进行防范？（　　）

A. SQL注入攻击　　　　　　　　　B. 脚本上传漏洞攻击

C. 端口扫描攻击　　　　　　　　　D. COOKIE欺骗攻击

3. 判断题

（1）包过滤防火墙是防火墙最基本的安全防范功能，它运行在应用层。（　　）

（2）对网络设备进行远程管理时，应采用SSH或https协议的方式访问，以防止被窃听。（　　）

（3）硬件防火墙是设置在内部网络与外部网络（如互联网）之间，实施访问控制策略的一个或一组系统。（　　）

（4）防火墙规则集的内容决定了防火墙的真正功能。（　　）

（5）防火墙黑名单库的大小和过滤的有效性是内容过滤产品非常重要的指标。（　　）

（6）防火墙对用户只能通过用户名和口令进行认证。（　　）

（7）防火墙应能够实时或者以报表形式输出流量统计结果。（　　）

（8）防火墙应支持把日志存储和备份在一个安全、永久性的地方。（　　）

（9）防火墙只能对 IP 地址进行限制和过滤。（　　）

（10）防火墙技术不能阻止被病毒感染的程序或文件的传递。（　　）

（11）防火墙的功能是防止网外未经授权对内网的访问。（　　）

（12）防火墙安全策略一旦设定，就不能再做任何改变。（　　）

（13）防火墙的外网口应禁止 PING 测试，内网口可以不限制。（　　）

（14）防火墙策略采用最小访问控制原则，"缺省全部开通，按需求关闭"。（　　）

（15）每个网卡的 MAC 地址通常是唯一确定的，在防火墙中建立一个 IP 地址与 MAC 地址的对应表，它的主要作用是防止非法用户进行 IP 地址欺骗。（　　）

4. 简答题

（1）从工作原理角度看，硬件防火墙主要可以分为哪两类？硬件防火墙的主要实现技术有哪些？

（2）对生产控制大区所选用的防火墙有何要求？如何在生产控制大区部署防火墙？

（3）防火墙在非正常条件（比如掉电、强行关机）关机再重新启动后，应满足哪些技术要求？

（4）某地调电力监控系统 Ⅰ/Ⅱ 区防火墙接入调试过程中，发现该防火墙与内网监管平台业务无法正常通讯，请分析可能存在的原因？

习　题　答　案

1. 单选题

（1）C　（2）C　（3）A　（4）C　（5）A　（6）A　（7）A　（8）D　（9）B
（10）B　（11）B　（12）D　（13）C　（14）D　（15）C　（16）B　（17）A
（18）B　（19）A　（20）B

2. 多选题

（1）ABD　（2）BCD　（3）ABCD　（4）ABD　（5）BCD　（6）BC　（7）ACD
（8）AC　（9）ACD　（10）ABCD　（11）BCD　（12）ACD　（13）ABCD

（14）ABD　（15）ABD

3. 判断题

（1）错　（2）对　（3）对　（4）对　（5）对　（6）错　（7）对　（8）对　（9）错　（10）对　（11）对　（12）错　（13）错　（14）错　（15）对

4. 简答题

（1）答案：

1）从工作原理角度看，在防火墙主要可以分为网络层防火墙和应用层防火墙。

2）防火墙的主要实现技术有包过滤技术、代理服务技术、状态检测技术、NAT技术。

（2）答案：

生产控制大区应当选用安全可靠硬件防火墙，其功能、性能、电磁兼容性必须经过国家相关部门的检测认证。

防火墙部署在安全区Ⅰ与安全区Ⅱ之间，实现两个区域的逻辑隔离、报文过滤、访问控制等功能，其访问规则应当正确有效。

（3）答案：

1）安全策略恢复到关机前的状态。

2）日志信息不会丢失。

3）管理员重新认证。

（4）答案：

1）互联问题（如接线问题、通信线路问题）。

2）防火墙未选择启用日志服务（相应策略或 SYSLOG 选项需打钩）。

3）防火墙日志传输服务器选项中填写的地址与主站采集服务器地址不符。

4）防火墙允许 ICMP 服务通信的网段不包含主站采集服务器地址。

5）传输路径上安防策略及路由器上访问控制列表上对采集服务 UDP 514 未开放。

6）内网监控平台采集服务器配置不正确（采集地址、设备类型、分区是否正确等）。

第6章 网络安全监测装置

6.1 工作原理

电力监控系统网络安全管理系统包含主站端的安全管理平台和厂站端的网络安全监测装置两部分，平台部署与国、分、省、地调侧，装置部署于变电站、发电厂。按照设备自身感知、监测装置分布采集、管理平台统一管控的原则，构建感知、采集、管控三层架构的网络安全监管系统技术体系。电力监控系统网络安全管理系统架构如图 6-1 所示。

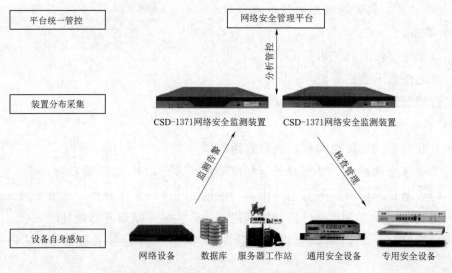

图 6-1 电力监控系统网络安全管理系统架构

6.1.1 网络安全监测装置概述

网络安全监测装置部署于厂站端，是网络安全监管系统的信息的来源方与命令的执行者。对下采集监测对象安全信息、控制监测对象执行指定命令，对上报相关信息、提供相关服务调用。其整体架构图如图 6-2 所示。

根据功能性能及监测对象的不同，网络安全监测装置分为网络安全监测装置Ⅰ型和网络安全监测装置Ⅱ型。网络安全监测装置Ⅰ型主要面向调度控制系统，采用高性能处理器，可接入500个监测对象，主要用于主站侧；装置厂商有科东、南瑞信通两家。网络安全监测装置Ⅱ型主要面向变电站、发电厂监控系统，采用中等性能处理器，可接入100个监测对象，主要用于厂站侧；测

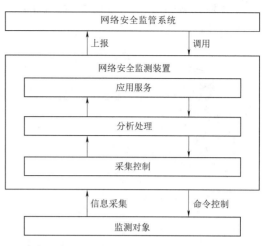

图6-2 网络安全监测装置整体架构图

装置主流的厂商有科东、南瑞信通、北京四方、江苏泽宇、积成电子、南瑞继保、东方电子等，其监测装置产品均经过中国电科院的安全检测。

网络安全监测装置关键技术包括以下部分：

（1）对面向设备的网络安全事件自身感知技术。通过设备自身网络安全事件的感知，能够直接、高效地发现安全事件，是较为适合电力监控系统安全监管需求的技术路线。

电力监控系统（如调度控制系统、变电站/发电厂监控系统、配电自动化系统、负荷控制系统等）内的监测对象需要自身产生符合要求的安全相关信息，提供给网络安全监测装置采集。此外，还需要接受网络安全监测装置或网络安全管理平台的命令控制。

（2）基于网络安全监测装置的采集与通信技术。部署的网络安全监测装置实现对本区域相关设备网络安全数据的采集、处理，同时把处理的结果通过通信手段送到调度机构部署的网络安全监管平台。

（3）基于管理平台分级部署、协同管控的应用体系。实现网络安全监视、告警、分析、审计、核查等应用功能在调控机构的分布式部署和协同管控。

本书主要介绍面向变电站、发电厂监控系统的网络安全监测装置Ⅱ型。

6.1.2 网络安全监测装置Ⅱ型的部署、原理及应用

1. 变电站部署方式

网络安全监测装置Ⅱ型通常部署于变电站站控层，当站控层Ⅰ/Ⅱ区有防火墙时（即Ⅰ、Ⅱ区连通），只需在Ⅱ区部署一台；当Ⅰ、Ⅱ区不通时，Ⅰ/Ⅱ区各部署一

台。监测装置需同时接入站控层 A、B 网内。网络安全监测装置Ⅱ型在变电站侧部署方式如图 6-3 所示。

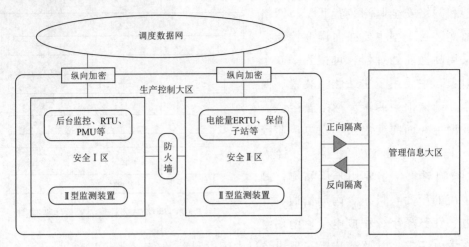

图 6-3　网络安全监测装置Ⅱ型在变电站侧部署方式

（1）部署方案一：当变电站站控层Ⅰ/Ⅱ区之间存在防火墙时，仅在Ⅱ区部署 1 台监测装置。监测装置分配 2 个网口，一个网口与 A 网站控汇聚Ⅱ区交换机连接，另一个网口与 B 网站控层汇聚Ⅱ区交换机连接，并开放防火墙安全Ⅰ、Ⅱ区之间的规则。选择一个网口连接到Ⅱ区数据网交换机，以用于与主站平台互联。

（2）部署方案二：当变电站站控层Ⅰ区与Ⅱ区之间不存在防火墙时，安全Ⅰ区与Ⅱ区各部署 1 台监测装置。Ⅰ区监测装置分别与 A 网站控汇聚Ⅰ区交换机、B 网站控汇聚安全Ⅰ区交换机相连；选择一个网口连接到Ⅰ区数据网交换机，以用于与主站平台互联。安全Ⅱ区监测装置分别与 A 网站控汇聚Ⅱ区交换机、B 网站控汇聚安全Ⅱ区交换机相连；选择一个网口连接到安全Ⅱ区数据网交换机，以用于与主站平台互联。

对于故障告警、装置对时和失电告警，根据现场情况选择性配置。

2. 发电厂部署方式

由于发电厂内系统较多，且多数系统无网络连接，宜部署多台网络安全监测装置以满足发电厂涉网区域内各类设备的接入。网络安全监测装置Ⅱ型在发电厂部署方式如图 6-4 所示。

对于发电厂Ⅰ区而言，涉网部分主要为 NCS 系统，装置需同时接入 NCS 系统内、水电监控系统、光伏电站监控系统、风电场综合监控系统站控层 A、B 双网交换机，需单独连接 PMU 等其他涉网设备，同时，装置需要连接Ⅰ区调度数据网交换机，通过调度数据网实时 VPN 连接上级管理平台。

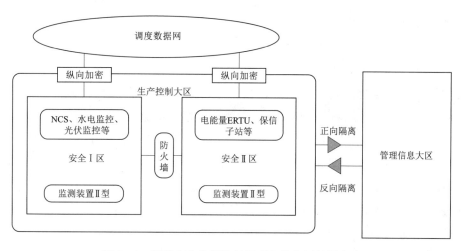

图 6-4　网络安全监测装置Ⅱ型在发电厂部署方式

对于发电厂Ⅱ区而言，装置需监测各类服务器、工作站、保信子站、故障录波及电量采集网关机等涉网设备，装置需跨接不同网络内组网交换机，同时连接Ⅱ区调度数据网交换机，通过调度数据网非实时 VPN 连接上级管理平台。

6.1.3　功能介绍

网络安全监测装置Ⅱ型的功能包括数据采集功能、通信功能、服务代理功能、安全事件处理功能、本地管理功能、告警上传功能。以下对网络安全监测装置所面向的系统统称为被监测系统。

6.1.3.1　数据采集功能

网络安全监测装置采集被监测系统内的网络设备、安防设备、数据库、其他设备（如服务器、工作站、网关机等）的安全相关信息进行分析处理后，上报至网络安全监管平台。

1. 网络设备采集信息

网络设备采集信息主要包括操作信息、运行信息、安全事件等，具体采集以下信息：

（1）操作信息：包括用户/口令安全管理、用户登录信息、用户操作等信息。

（2）运行信息：包括在线时长、CPU 利用率、内存利用率、网络丢包率、网口状态、网络连接情况等信息。

（3）安全事件：包括 IP、MAC 地址冲突等信息。

网络安全监测装置Ⅰ型和网络安全监测装置Ⅱ型均需要采集被监测系统内的网络

设备信息，在部分采集内容上略有差异。

2. 安防设备采集信息

安防设备采集信息主要包括设备运行信息、安全事件等，具体如下：

（1）运行信息：包括设备的 CPU、内存利用率等信息。

（2）安全事件：包括不符合安全策略访问、设备故障告警等信息。

网络安全监测装置Ⅰ型和网络安全监测装置Ⅱ型均需要采集被监测系统内的安全设备信息。其中网络安全监测装置Ⅰ型需要采集纵向加密装置、横向隔离装置、防火墙、入侵检测、防病毒系统等安全防护设备信息；网络安全监测装置Ⅱ型需要采集横向隔离装置、防火墙等安全防护设备信息。

3. 主机设备采集信息

主机设备采集信息主要包括登录信息、运行信息、安全事件等，具体如下：

（1）登录信息：包括用户登录的链路信息、操作信息等。

（2）运行信息：包括外设设备使用情况、CPU 使用率、内存使用率等信息。

（3）安全事件：包括文件权限变更、用户权限变更、外设设备接入、用户危险操作等信息。

4. 数据库采集信息

数据库采集信息主要包括运行信息和安全事件信息等，具体如下：

（1）运行信息：包括数据库自身的 CPU 利用率、内存利用率、数据库主机磁盘使用情况、表空间的使用情况、数据库操作记录、数据库用户的变更、用户登录失败、数据库连接情况、数据库并发连接数、数据库运行时长、数据库运行状态等信息。

（2）安全事件：包括数据库用户连续多次登录失败、数据库计划任务执行失败、数据库锁表异常等信息。

网络安全监测装置Ⅰ型需要采集数据库信息。

6.1.3.2 通信功能

网络安全监测装置既要与监测对象进行通信，又要与网络安全监管系统进行通信。针对不同的通信对象，网络安全监测装置采用不同的通信方式。网络安全监测装置通信方式如图 6-5 所示。

1. 与监测对象的通信

根据监测对象的不同，网络安全监测装置采用不同的通信方式，主要包括：

（1）网络设备：网络安全监测装置Ⅰ型采用标准 SNMP、SNMP TRAP 及 SYSLOG 协议与被监测系统内的网络设备进行通信，网络安全监测装置Ⅱ型采用标准 SNMP、SNMP TRAP 协议与被监测系统内的网络设备进行通信。

（2）安防设备：采用标准 SYSLOG 协议与安全防护设备进行通信。

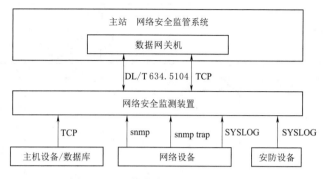

图 6-5　网络安全监测装置通信方式

（3）数据库：网络安全监测装置Ⅰ型采用基于 TCP 的消息总线与数据库进行通信，网络安全监测装置Ⅱ型不涉及。

（4）其他设备：网络安全监测装置Ⅰ型采用基于 TCP 的消息总线与其他设备进行通信，网络安全监测装置Ⅰ型采用基于 TCP 的自定义协议与其他设备进行通信。

2. 与网络安全监管系统通信

根据交互内容及装置型号的不同，网络安全监测装置采用不同的协议与网络安全监管平台进行通信，具体如下：

（1）网络安全监测装置Ⅰ型采用消息总线与网络安全监管平台进行通信。

（2）网络安全监测装置Ⅱ型数据上传采用 DL/T 634.5104《远动设备及系统 第 5-104 部分：传输规约采用标准传输协议集的 IEC 60870-5-101 网络访问》与网络安全监管平台进行通信。

（3）网络安全监测装置Ⅱ型服务调用采用自定义的 TCP 协议与网络安全监管平台进行通信。

6.1.3.3　服务代理功能

网络安全监测装置Ⅱ型提供服务代理功能。通过服务代理，为网络安全监管系统提供服务调用。服务代理包括远程调阅、基线核查及远程管理，服务代理的总体结构如图 6-6 所示。

1. 远程调阅

远程调阅包括以下内容：

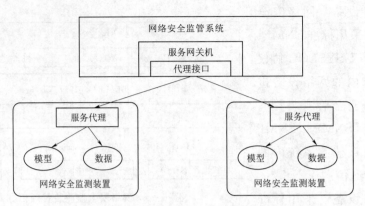

图 6-6　服务代理的总体结构

（1）采集信息调阅，支持以服务形式实现远程调阅厂站内的采集信息，支持按个数调阅、按时间区间调阅以及按个数与时间区间组合方式调阅。

（2）告警信息调阅，支持以服务形式实现远程调阅厂站内的告警信息，支持按个数调阅、按时间区间调阅以及按个数与时间区间组合方式调阅。

2. 基线核查

网络安全监测装置作为中间代理，接受主站系统下发的基线核查指令，转发到目标设备（如服务器、网关机等），由目标设备执行基线核查功能，并返回结果给网络安全监测装置，网络安全监测装置再将结果返回给主站系统。

3. 远程管理

支持主站系统对网络安全监测装置进行远程管理，包括以下内容：

（1）资产管理。支持对被监测系统内的资产进行远程管理。

（2）参数配置。支持参数的远程管理，包括但不限于：①系统参数，如网卡 IP 地址、路由、NTP 对时地址、端口及周期；②通信参数，如数据采集的服务端口、数据上传的地址端口、服务代理的服务端口；③其他参数，如 CPU、内存越限阈值、网络流量越限阈值，周期性采集事件的周期时长、关键文件、危险命令定义值。

（3）软件升级，支持对网络安全监测装置进行远程程序升级。

6.1.3.4　安全事件处理功能

1. 事件级别定义

事件包括紧急事件、重要事件和普通事件。其中：

（1）紧急事件指对电力监控系统安全具有重大影响的安全事件，应立即处理。

（2）重要事件指对电力监控系统安全具有较大影响的安全事件，需要在 24h 内进行处理。

（3）普通事件指对电力监控系统安全具有一定影响的安全事件，应安排处理。

2. 安全事件处理

对采集到的数据进行分析处理，包括：

（1）对采集到的信息进行格式化处理。

（2）对交换机 SYSLOG 信息进行分析处理，提取出需要的事件信息（如用户添加事件）。

（3）以小时为单位，对重复出现的事件进行归并处理。

（4）根据参数、策略配置，对采集到的事件进行分析处理，形成新的事件。如针对 CPU 利用率，如果采集到的 CPU 利用率为 90%，超过了当前设定的阈值 80%，则分析产生 CPU 利用率越限事件。

（5）处理完成后，形成上报事件上报给主站平台。

6.1.3.5　本地管理功能

网络安全监测装置Ⅱ型需要具备本地管理功能。本地管理采用 GUI 图形界面对网络安全监测装置进行本地化的安全管理。

1. 用户管理

按照三权分立的原则，建立不同角色用户，实现权限的分配与制约，包括：

（1）具备用户管理功能，应对不同的角色分配不同的权限。

（2）分配角色的功能，如管理员、操作员、审计员等。

（3）满足不同角色的权限相互制约要求，应不存在拥有所有权限的超级管理员角色。

2. 运行管理

支持对运行状态的以下分析管理：

（1）具备对事件的查询功能，查询条件应至少包括事件对象、时间范围、事件级别、事件类型、事件内容关键字等。

（2）资产统计信息，监视对象信息、数量。

（3）安全运行状态统计，近 12 个月每月告警数量，并按照级别归并。

（4）实时安全事件，包括时间、对象、类型、级别、内容。

（5）实时操作行为，包括时间、对象、类型、内容。

3. 日志审计

装置自己具备日志审计功能，日志类型至少包括登录日志、操作日志、维护日志等。

4. 基线核查

本地调用服务器、工作站、网关机等目标设备的基线核查功能，实现对目标设备基线核查指令的下发，并对返回结果进行分析展示。

6.1.3.6 告警上传功能

告警上传功能包括安全监测装置采集及分析得到的告警，上传至主站网络安全管理平台。

6.1.4 原理介绍

1. 主机设备监测

对于大量存量厂站，主机设备品牌、类型繁杂，操作系统版本众多，安装主机 agent 监测软件具有很大的开发和实施难度。为此，各厂家自主研制了操作系统安全监测工具，支持 RedHat5、RedHat6、Centos6、Centos5、Solaris 10、HP - UNIX B11、Windows7、WindowsXP、Windows2003、Windows2008 和 WindowsVista 等。

主机 agent 监测软件通过操作系统自身感知技术读取主机硬件配置、系统运行状态、用户登录/退出、外网连接监视、硬件异常监视等信息。

2. 网络设备监测

网络设备的安全事件感知功能，当前主要面向厂站站控层或涉网部分的交换机，依托现有网络设备普遍支持简单网络管理协议（SNMP），在不改变现有固件的情况下实现对于网络设备安全事件的感知。

整体上来说，对于网络设备主要通过设备的自身安防策略、配置信息及运行信息，来实现事件感知：一方面对于设备自身的运行状态信息，以 SNMP 形式周期性上传相关信息；另一方面，对于安全事件，如设备的配置变更或接入设备上线等信息，采用 SNMP trap 的形式以主动触发的形式，在保证实时性和准确性的基础上实现事件感知。

为了保证信息采集的安全性，均采用安全性较高的 SNMP v3 版，实现上述信息的采集，形成相应的安全事件，并上报至网络安全监测装置。

3. 安防设备监测

对于通用安全防护设备及电力专用安防设备，由设备实现对安全事件的自主感知，通过设备的自身安防策略、配置信息及运行信息，来实现事件感知，形成相应的安全事件，并以 syslog 报文格式（或提供对应的动态链接库）主动上报至网络安全监测装置。

6.1.5　总体功能实现框架及采集对象

网络安全监测装置的总体功能实现框架如图 6-7 所示，其采集对象包括服务器、工作站、网络设备、安防设备等。

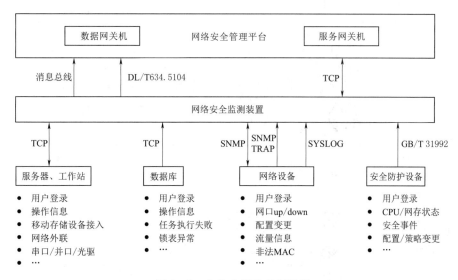

图 6-7　总体功能实现框架图

6.2　变电站典型部署环境及装置配置示例

6.2.1　变电站网络安全监测装置部署区域

1. 调度端

调度端网络拓扑图如图 6-8 所示，在安全Ⅰ、Ⅱ、Ⅲ区分别部署网络安全监测装置，采集服务器、工作站、网络设备和安全防护设备自身感知的安全事件；在安全

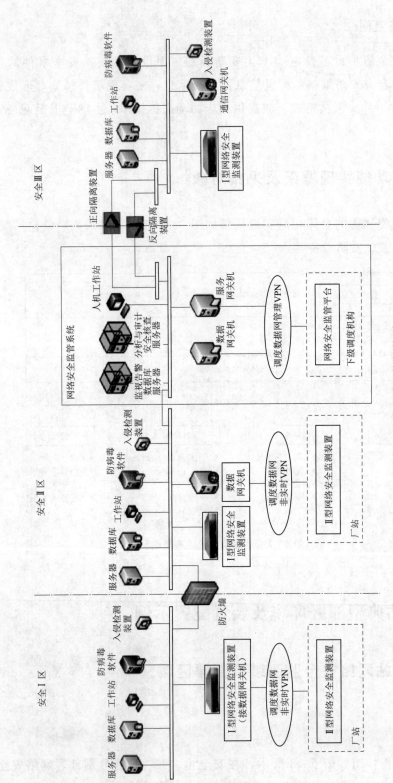

图 6 - 8　调度端网络拓扑图

Ⅰ、Ⅱ区部署数据网关机，接收并转发来自厂站的网络安全事件；在安全Ⅱ区部署网络安全监管平台，接收安全Ⅰ、Ⅱ、Ⅲ区的采集信息以及厂站的安全事件，实现对网络安全事件的实时监视、集中分析和统一审计。

2. 厂站端

厂站端网络拓扑图如图6-9所示，在变电站、并网电厂电力监控系统的安全Ⅱ区内部署网络安全监测装置，采集变电站站控层和发电厂涉网区域的服务器、工作站、网络设备和安全防护设备的安全事件，并转发至调度端网络安全监管平台的数据网关机。同时，支持网络安全事件的本地监视和管理。

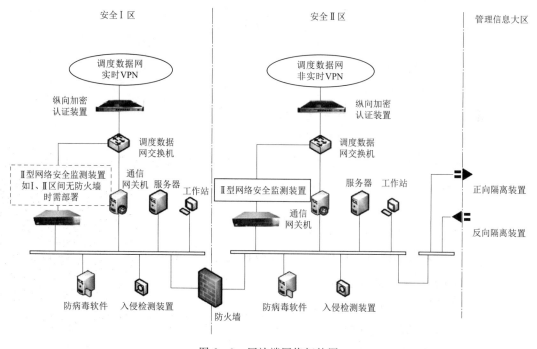

图6-9　厂站端网络拓扑图

6.2.2　南瑞网络安全监测装置

本书以南瑞继保公司电力监控系统网络安全监测装置Ⅱ型为例介绍。ISG-3000网络安全监测装置的外观如图6-10和图6-11所示。

图6-10　监测装置前面板

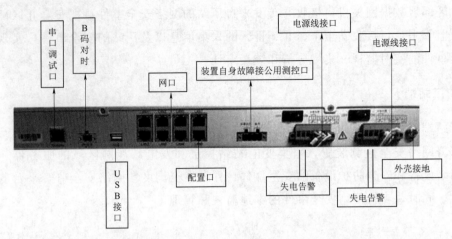

图 6-11　监测装置后面板

（1）监测装置前面板包括以下配置：

1）运行灯：装置正常运行情况下亮绿灯。

2）电源 1：装置电源 1 接通后亮绿灯。

3）电源 2：装置电源 2 接通后亮绿灯。

4）告警灯：装置自身出现异常时亮红灯，正常情况下熄灭。

5）对时异常：对时（B 码对时或者 ntp 对时）正常情况下不熄灭，对时都不正常时亮红灯。

6）LINK 灯：网口接通后长亮绿灯。

7）ACT 灯：网口接通后长亮绿灯，有数据交互长闪绿灯。

8）USBkey：Ukey 插入接口。

（2）监测装置后面板包括以下配置：

1）电源接口。装置配件中包含 2 个电源端子和 2 根电源线，请按照如下要求连接：棕色正极接 4，蓝色负极接 5，绿黄色接地接 7；失电告警请按照需求配置。装置电源支持交直流输入，电压宽幅为 110～220V。

2）对时接口。选择 B 码对时，需连接 B 码对时接口和现场 B 码对时服务器；选择 NTP 对时，需选择一闲置网口连接对时服务器，并配置好网口 IP 地址和 NTP 参数。

3）以太网接口。监测装置后面板共有 8 个以太网口，在配置软件上 LAN1 - LAN8 分别对应 eth1 - eth8。其中 LAN8（eth8）口为配置管理口（地址 11.22.33.44，掩码 255.255.255.0），默认不做业务网口使用，其他 7 个网口可用于接入站控层 A/B 网、调度数据网双平面和 NTP 对时等。

除以上 3 个接口外，ISG - 3000 网络安全监测装置还包括接地接口、串行接口、

USB 接口自身故障告警口。

6.2.3 南瑞网络安全监测装置管理软件

6.2.3.1 管理软件的用户

配置调试电脑网卡地址为 11.22.33.43，掩码 255.255.255.0，与监测装置 eth8 口连接，打开配置软件界面。将用户 Ukey 插入装置，选择相应角色，输入用户名、密码、PIN 码进行登录（注意：监测装置设置了配置软件白名单，首次登录务必将调试电脑 IP 地址配置成 11.22.33.43）。

配置软件采用"三权分立"的设计思想，设立了系统管理员、运维用户、日志审计员和普通用户共 4 类角色。

系统管理员：用户、登录白名单管理。

日志审计员：审计装置运行日志。

运维用户：完成监测装置日常配置。

普通用户：仅有查看装置配置及运行状态的权利。

装置出厂默认设有 sysadm（系统管理员）、opadm（运维用户）和 logadm（日志审计员）3 类角色的账号。

出厂带有 Ukey 的装置默认只有 sysadm（系统管理员）和 logadm（日志审计员）2 类角色的账号。运维用户需要使用新的空白 Ukey 制作，首先使用 sysadm 的 Ukey 通过默认账户 sysadm 登录装置，按照要求插入空白 Ukey 制作证书请求，请求文件签发成证书后新增运维用户并选择此证书，新增完成后使用此 Ukey 登录运维用户。

1. 系统管理员相关功能

运维管理员的相关功能主要有用户管理，包括生成用户证书请求，新增、删除、解锁用户，以及白名单管理和其他功能等。

（1）生成证书请求：点击生成证书请求按钮，填写相关信息，插入新 Ukey 到装置，点击下一步，生成用户证书请求，

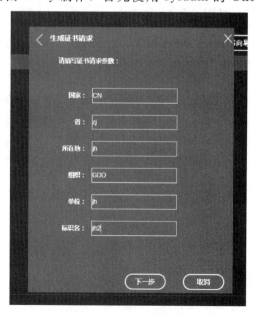

图 6-12　生成证书请求界面

如图 6-12 所示。

（2）新增用户：点击新增按钮，填写相关信息，导入用户证书，点击保存新增用户，如图 6-13 所示。

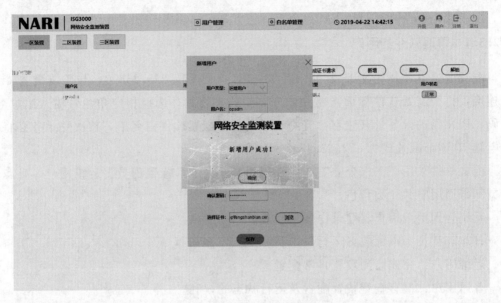

图 6-13　新增用户界面

（3）删除用户：选择任意用户（不包括当前用户），点击删除按钮，删除用户，如图 6-14 所示。

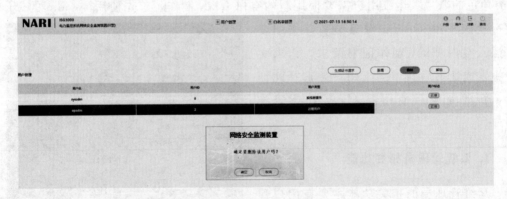

图 6-14　删除用户界面

（4）解锁：选择被锁定的用户，点击解锁按钮，解锁用户，如图 6-15 所示。

（5）白名单管理：点击新增按钮，填写有效的 IP 地址，新增 IP 白名单；选择任意一条记录，点击修改按钮，修改 IP 白名单；选择任意一条记录，点击删除，如图 6-16 所示。

（6）其他功能：点击时间左侧的时钟图标，同步工作站时间到装置；点击软件升

图 6-15 解锁用户界面

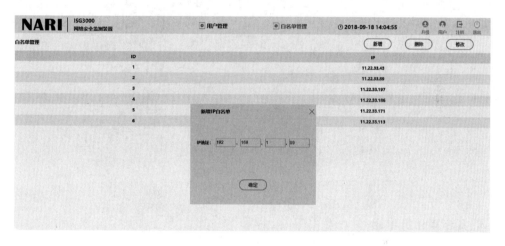

图 6-16 白名单管理界面

级图标，选择软件升级行装置软件升级；点击用户图标，修改当前用户密码。时间同步界面和软件升级、修改密码功能如图 6-17 所示。

图 6-17 时间同步界面和软件升级、修改密码功能

2. 运维用户相关功能

运维用户界面如图 6‐18 所示。在运维用户下、配置软件有安全监视，安全分析，安全核查和装置管理 4 个功能模块。展示了站内网络拓扑、最新告警、操作行为、安全事件、告警统计、通信状态等信息，实时推送可弹窗提醒，同时语音播报，并进行装置各项参数配置操作。运维用户界面图主要包括安全监视、安全分析、安全告警、装置管理实现等功能。

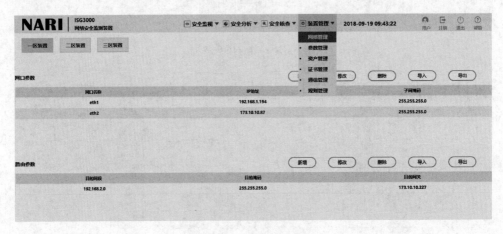

图 6‐18 运维用户界面

3. 日志审计员功能

日志审计员功能包括日志筛选、日志排序、导出日志；报表分析功能包括查看日报、导出报表；用户管理功能包括对审计员用户生成证书请求、新增、删除、解锁、修改密码。

6.2.3.2 用管理软件进行装置管理

装置管理功能包括网络管理、参数管理、资产管理、证书管理、通信管理、规则管理。配置修改完成后需要重启使之生效。

1. 网络管理

"装置管理→网络管理"进入网络配置页面，在该界面完成装置网卡参数和路由参数的配置。根据站内 IP 地址规划，修改或新增网卡并配置 IP，用于连接站控层 A/B 网交换机、调度数据网交换机或 NTP 对时等。路由参数中，应配置明细路由，禁止默认路由。网卡参数配置和路由配置分别如图 6‐19、图 6‐20 所示。

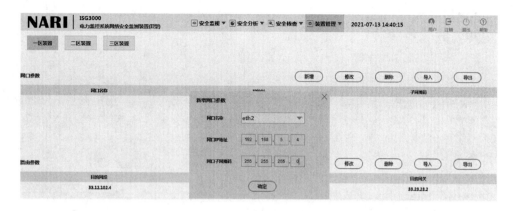

图 6-19　网卡参数配置界面

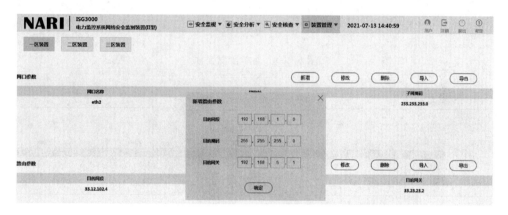

图 6-20　路由参数配置界面

2. 参数管理

点击"装置管理→参数管理"进入参数管理页面。该配置主要完成告警事件触发条件配置，默认参数为监测装置规范要求和最优设定。"网口流量阈值"设置为 0 时，表示不做限制。参数配置界面如图 6-21 所示。

3. 资产管理

点击"装置管理→资产管理"进入页面。该配置界面完成交换机、服务器与工作站、防火墙、隔离装置和监测装置等采集对象接入配置，Mac 地址可自动获取，以实现设备信息采集。在资产管理中可以实现对资产的添加、删除、导入/导出、资产信息筛选、MAC 自动更新等功能。资产管理界面如图 6-22 所示。

监测装置要采集的设备对象，应符合国家电网公司 Q/GDW 11914—2018《电力监控系统网络安全监测装置技术规范》要求，不符合规范要求的信息将无法被监测装

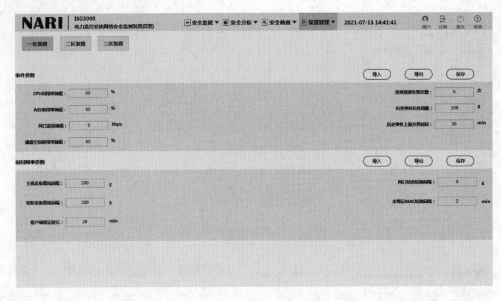

图 6-21　参数配置界面

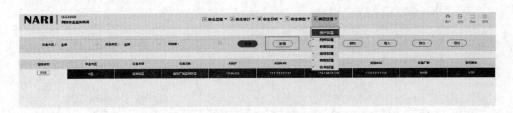

图 6-22　资产管理界面

置采集并上报平台。设备名称、MAC 地址、序列号、设备厂家和版本信息为标识性数据，装置不做合法性校验。解析方式默认为规范。

交换机信息采用被动接收交换机 SNMP TRAP 日志信息、主动使用 SNMP 读取交换机信息两种方式。在现场调试时，请确认交换机应配置 TRAP 地址为监测装置地址，并保证监测装置内交换机资产的 SNMP V2C/V3 相关配置均无问题。交换机配置界面如图 6-23 所示。

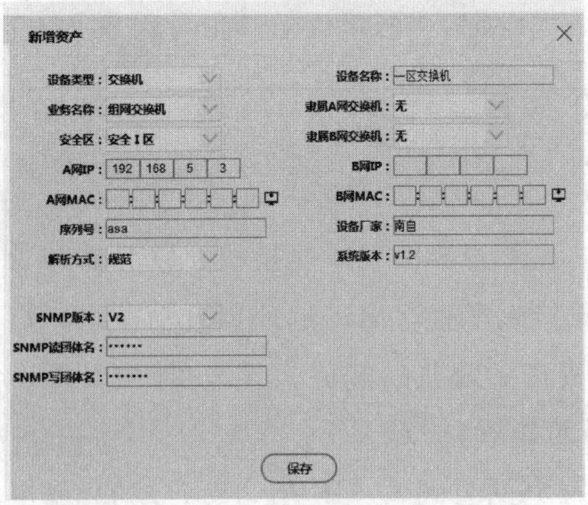

安防设备包括防火墙、网络安全隔离装置、纵向加密认证装置和入侵防御/检测装置采用标准 SYSLOG 协议，日志内容格式应符合 Q/GDW 11914—2018《电力监控系统网络安全监测装置技术规范》。安防设备配置界面如图 6-24 所示。

图 6-23　交换机配置界面

主机包括服务器和工作站，部署 agent 代理程序，通过私有规范进行信息采集。点击主机资产配置中的配置按钮，配置主机的危险操作信息。监测装置也可以配置危险操作。主机资产配置操作如图 6-25 所示。

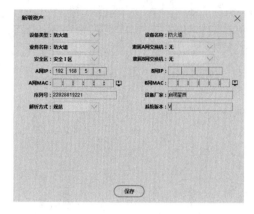
图 6-24　安防设备配置界面

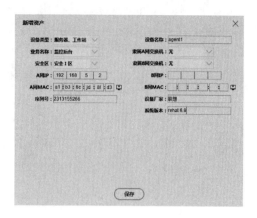
图 6-25　主机资产配置操作

4. 证书管理

证书管理包括监测装置自身证书的请求生成和导入以及平台证书的导入。

证书请求的生成在证书向导中实现。每次生成新的证书请求会覆盖之前产生的装置密钥，完成一次完整的证书请求申请、签发、导入，与平台互换证书后不可再次生成证书请求，除非再次完整操作一遍。

点击"装置管理→证书管理"进入证书管理主界面，点击"证书向导"，如图 6-26 所示。

图 6-26　证书管理主界面

证书请求生成步骤如图 6-27 所示。

选择"证书请求"，点击下一步。填入相应参数，然后将生成的证书请求交于当地调控中心，由调控中心签发出装置证书（一般以.cer 结尾的文件）。再将由调控中心签发出的装置证书导入监测装置，保存成功装置会自动合成 p12 证书。除装置自身

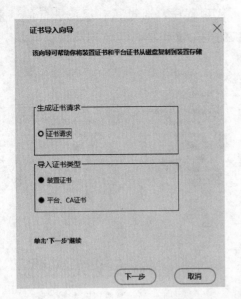

图 6-27　证书请求生成步骤

证书外，还需要导入平台证书。

　　将调控中心签发的证书导入装置，步骤如图 6-28 所示。

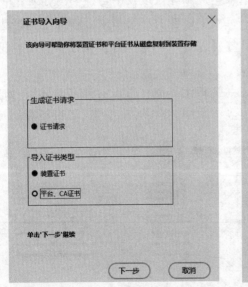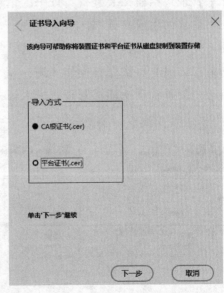

图 6-28　证书导入步骤

5. 通信管理

　　点击"装置管理→通信管理"进入页面。该配置界面完成 NTP 对时，采集对象通信端口和主站平台互联等外部通信配置。通信管理配置界面如图 6-29 所示。

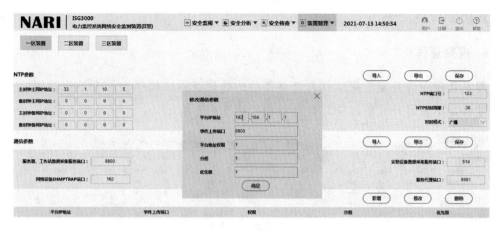

图 6-29　通信管理配置界面

在进行 NTP 对时配置时，如果监测装置和对时设备网络不可达，则需要在监测装置启用空余网口，连接对时设备网络，并配置对应 IP。

对时设备主时钟主网 IP 地址、备时钟主网 IP 地址、主时钟备网 IP 地址、备时钟备网 IP 地址、NTP 端口号、对时间隔、对时模式等参数都可从相关厂家/客户处获取。

若采取 B 码对时，请将 IP 设置为 0.0.0.0。

NTP 端口号：访问对时设备服务端口，默认 123（不建议修改此默认参数）。

NTP 对时周期：对时轮询间隔，默认 30 秒。

对时模式：点对点和广播两种模式，默认点对点模式。

通信参数配置中的参数为厂站资产与监测装置通信配置，监测装置与主站网络安全管理平台的通信配置，在此可以添加、删除、更改与主站平台的通信参数。

监测装置支持同时向多个网络安全管理平台上报告警，实现平台远程调阅与管控。支持与平台 2 个平面不同采集 IP，建立主—主双链路模式，并实现平台远程调阅与管控。采用主—主双链路模式时，监测装置自身选择一个链路上报告警信息，另一个链路只建立链接不上报告警信息；当上报告警链路中断时，则告警信息切换到另一个链路上报；当故障链路恢复正常时，告警信息保持链路传输不变。

服务器、工作站采集服务端口：用于与主机 agent 建立 TCP 链接，默认 TCP 协议 8800 端口。

安防设备数据采集服务端口：用于采集安防设备的 SYSLOG 信息，默认 UDP 协议 514 端口。

网络设备 SNMP TRAP 端口：用于采集网络设备 SNMP TRAP 信息，默认 UDP 协议 162 端口。

代理服务端口：用于与主站网络安全管理平台建立 TCP 链接，提供服务代理功能，默认 TCP 协议 8801 端口。

6. 规则管理

规则管理中涉及装置采集到告警事件后的处理逻辑，包括上传和推送设置。一般采用默认，不做另外设置。规则管理界面如图 6-30 所示。

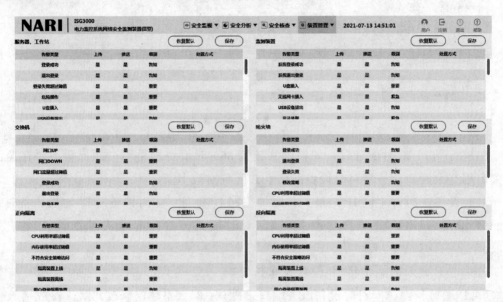

图 6-30 规则管理界面

6.2.3.3 管理软件中的安全监视与安全核查功能

运维用户还有安全监视的功能。安全监视功能包括安全概况、告警监视、行为监视、采集监视、装置监视等。安全核查功能主要实现主机安全基线核查。安全概况界面图如图 6-31 所示。

安全概况界面展示站内网络拓扑、最新告警、操作行为、安全事件、告警统计、通信状态等信息，实时推送可弹窗提醒，同时语音播报。

告警监视界面展示所有的告警信息，可根据时间、关键字、设备类型、告警级别进行筛选，支持告警导出功能，如图 6-32 所示。

行为监视界面展示所有的行为状态采集信息，可根据时间、关键字、设备类型、日志级别进行筛选，如图 6-33 所示。

采集监视界面展示所有的采集信息，可根据时间、关键字、设备类型、日志级别进行筛选，如图 6-34 所示。

装置监视界面展示装置的基本信息，包括本机监视、通信状态、进程状态以及磁盘利用率，如图 6-35 所示。

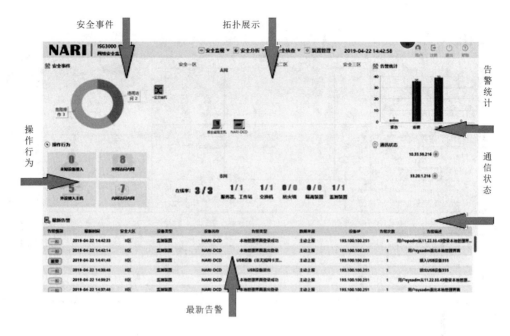

图 6-31　安全概况界面图

告警级别	最新时间	安全区	设备类型	设备名称	告警类型	数据来源	设备IP	告警次数	告警描述
重要	2021-07-13 14:50:37	--	监测装置	监测装置	装置异常告警	主动上报	127.0.0.1	60	single power error
紧急	2021-07-13 14:50:25	--	监测装置	监测装置	非法外联	主动上报	127.0.0.1	1	非法外联11.22.33.43
一般	2021-07-13 14:49:47	--	监测装置	监测装置	配置变更	主动上报	127.0.0.1	1	opadm从11.22.33.43修改了communica...
重要	2021-07-13 14:45:37	--	监测装置	监测装置	装置异常告警	主动上报	127.0.0.1	60	single power error
紧急	2021-07-13 14:45:25	--	监测装置	监测装置	非法外联	主动上报	127.0.0.1	1	非法外联11.22.33.43
一般	2021-07-13 14:40:53	--	监测装置	监测装置	配置变更	主动上报	127.0.0.1	1	opadm从11.22.33.43修改了route参数
重要	2021-07-13 14:40:37	--	监测装置	监测装置	装置异常告警	主动上报	127.0.0.1	60	single power error
紧急	2021-07-13 14:40:25	--	监测装置	监测装置	非法外联	主动上报	127.0.0.1	1	非法外联11.22.33.43
一般	2021-07-13 14:39:54	--	监测装置	监测装置	配置变更	主动上报	127.0.0.1	1	opadm从11.22.33.43修改了netcard参数
一般	2021-07-13 14:38:32	--	监测装置	监测装置	本地管理界面退出登录	主动上报	127.0.0.1	1	用户opadm退出本地管理界面
一般	2021-07-13 14:38:31	--	监测装置	监测装置	本地管理界面登录成功	主动上报	127.0.0.1	1	用户opadm从11.22.33.43登录本地管理界面
重要	2021-07-13 14:35:37	--	监测装置	监测装置	装置异常告警	主动上报	127.0.0.1	60	single power error
重要	2021-07-13 14:35:26	--	监测装置	监测装置	网口UP	主动上报	127.0.0.1	1	网口eth1接入
重要	2021-07-13 14:34:50	--	监测装置	监测装置	U盘接入	主动上报	127.0.0.1	1	插入USB设备355
一般	2021-07-13 14:34:47	--	监测装置	监测装置	USB设备接出	主动上报	127.0.0.1	1	拔出USB设备355
重要	2021-07-13 14:30:35	--	监测装置	监测装置	装置异常告警	主动上报	127.0.0.1	1	single power error
重要	2021-05-14 09:06:24	--	监测装置	监测装置	网口DOWN	主动上报	127.0.0.1	1	网口eth4接出
重要	2021-05-14 09:06:22	--	监测装置	监测装置	网口UP	主动上报	127.0.0.1	1	网口eth4接入

图 6-32　告警监视界面图

　　主机基线核查界面展示最新一次的核查详情、历史趋势、核查任务等信息。可对被监测的服务器进行安全核查，如图 6-36 所示。

图 6-33　行为监视界面图

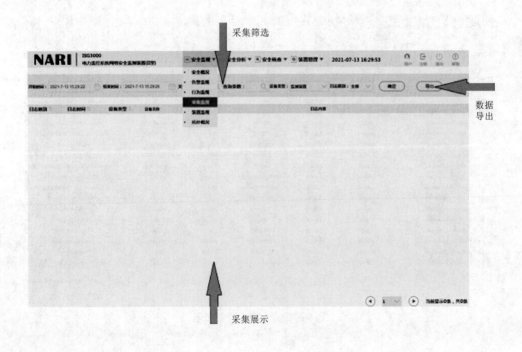

图 6-34　采集监视界面

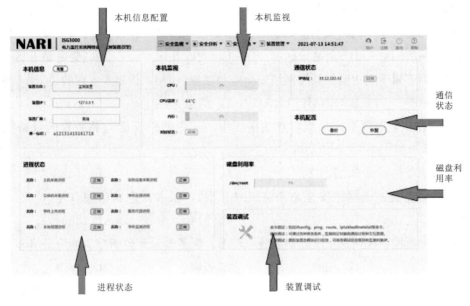

图 6-35 装置监视界面

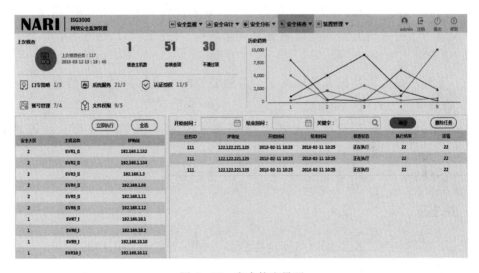

图 6-36 安全核查界面

习　　题

1. 单选题

（1）电力监控系统网络安全监测装置（Ⅰ型），部署在下列哪些场景（　　）。

A. 主站Ⅰ区　　　B. 变电站Ⅰ区　　　C. 电厂Ⅰ区　　　D. 变电站Ⅱ区

（2）电力监控系统网络安全监测装置（Ⅱ型），不应部署在下列哪些场景（　　）。

A. 变电站Ⅰ区　　　B. 主站Ⅰ区　　　C. 电厂Ⅱ区　　　D. 变电站Ⅱ区

（3）下列不属于电力监控系统网络安全监测装置（Ⅱ型）得采集方式的是（　　）。

A. SNMP　　　　　B. SNMP TRAP　　C. 消息总线　　　D. SYSLOG

（4）网络安全管理平台采集信息的格式中，其中网络安全监测装置的设备类型定义为（　　）。

A. WLAQ　　　　　B. JCZZP　　　　　C. CFW　　　　　D. DCD

（5）电力监控系统网络安全监测装置（Ⅱ型），服务代理默认端口是（　　）。

A. 8800　　　　　B. 9092　　　　　C. 514　　　　　D. 8801

（6）电力监控系统网络安全监测装置（Ⅱ型），服务器采集监听默认端口是（　　）。

A. 8800　　　　　B. 9092　　　　　C. 514　　　　　D. 8801

（7）下列电力监控系统网络安全监测装置（Ⅱ型）功能模块与消息总线是双向数据通信的是（　　）。

A. 主机采集　　　B. 网络设备采集　　C. 安防设备采集　　D. 事件上报

（8）电力监控系统网络安全监测装置（Ⅱ型），有几个网口（　　）。

A. 4　　　　　　　B. 8　　　　　　　C. 10　　　　　　D. 20

（9）下列不是电力监控系统网络安全监测装置的配置软件的用户的是（　　）。

A. 管理员　　　　B. 操作员　　　　C. 审计员　　　　D. 消防员

（10）下列哪一家不是电力监控系统网络安全监测装置（Ⅱ型）主流的厂商（　　）。

A. 北京科东　　　B. 南瑞信通　　　C. 北京四方　　　D. IBM

2. 多选题

（1）下列是电力监控系统网络安全监测装置的配置软件的用户的是（　　）。

A. 管理员　　　　B. 操作员　　　　C. 审计员　　　　D. 消防员

（2）下列哪些家是电力监控系统网络安全监测装置Ⅱ型主流的厂商（　　）。

A. 北京科东　　　B. 南瑞信通　　　C. 北京四方　　　D. IBM

（3）下列哪些项是电力监控系统网络安全监测装置（Ⅱ型）服务代理的功能（　　）。

A. 远程调阅采集信息、上传事件等数据信息

B. 对被监测系统内的资产进行远程管理

C. 通过104协议将告警信息上送至平台

D. 对服务器、工作站等设备基线核查功能的调用

（4）下电力监控系统网络安全监测装置（Ⅱ型），应部署在下列哪些场景（　　　）。

A. 变电站Ⅰ区　　　B. 主站Ⅰ区　　　　C. 电厂Ⅱ区　　　　D. 变电站Ⅱ区

（5）下列哪些功能是审计员用户所具有的功能（　　　）。

A. 日志管理　　　　B. 操作回显查看　　C. 配置管理　　　　D. 用户管理

3. 判断题

（1）安防设备采集程序监听的默认端口是 10086。（　　　）

（2）事件上传模块默认端口是 8800。（　　　）

（3）交换机 SNMP 的默认端口是 161。（　　　）

（4）网络安全监测装置Ⅱ型比网络安全监测装置Ⅰ型多了本地管理功能模块。（　　　）

（5）网络安全监测装置Ⅰ型的硬盘种类是固态硬盘。（　　　）

（6）Ⅱ型装置有 8 个 10MB/100MB/1000MB 自适应以太网电口。（　　　）

（7）Ⅰ型装置有 8 个光电复用网口。（　　　）

（8）Ⅰ型装置 CPU 主频 1.5GHz，Ⅱ型装 CPU 主频 1.2GHz。（　　　）

（9）Ⅰ型装置支持 DC 110V 或 220V（－20%～+15%）电源。（　　　）

（10）通过服务代理远程进行的修改、更新、升级等操作必须重启装置才能生效。（　　　）

4. 简答题

（1）简述电力监控系统网络安全监测装置Ⅱ型的采集对象及采集方式。

（2）简述电力监控系统网络安全监测装置Ⅰ型的采集对象及采集方式。

习 题 答 案

1. 单选题

（1）A　（2）B　（3）C　（4）D　（5）D　　（6）A　（7）A　（8）B
（9）D　（10）D

2. 多选题

（1）ABC　（2）ABC　（3）ABD　（4）ACD　（5）ABD

3. 判断题

（1）错　（2）对　（3）对　（4）错　（5）错　（6）对　（7）错　（8）对　（9）错　（10）错

4. 简答题

（1）采集对象：主机、交换机、安防设备（防火墙和横向隔离）三类设备。

采集方式

主机：自定义 TCP 协议。

交换机：SNMP、SNMP TRAP、SYSLOG。

安防设备：SYSLOG。

（2）采集对象：主机、数据库、交换机、安防设备（防火墙、横向隔离、纵向加密、防火墙、IDS、防病毒）等设备。

采集方式

主机：消息总线。

数据库：消息总线。

交换机：SNMP、SNMP TRAP、SYSLOG。

安防设备：SYSLOG。

参 考 文 献

［1］ 荣莉，许占江. 计算机监控系统在变电所典型设计中的应用［J］. 电气应用，2007（4）：
64 - 66.

［2］ 夏淑华. 浅谈 Windows 操作系统安全设置［J］. 福建电脑，2018，34（11）：140 - 141.

［3］ 张春晓. UNIX 从入门到精通［M］. 北京：清华大学出版社，2013.

［4］ 吴英. 网络安全技术教程［M］. 北京：机械工业出版社，2015.

［5］ 蔡皖东. 网络信息安全技术［M］. 北京：清华大学出版社，2015.

［6］ 辛耀中，卢长燕. 电力系统数据网络技术体制分析［J］. 电力系统自动化，2000，
24（21）：1 - 6.

［7］ 高昆仑，辛耀中，李钊，等. 智能电网调度控制系统安全防护技术及发展［J］. 电力系统自动化，2015，39（10）：48 - 52.

［8］ （美）麦克纳布. 网络安全评估［M］. 王景新 译. 北京：中国电力出版社，2009.